Word/Excel/PPT

2016 从入门到精通

刘德胜◎编著

中国商业出版社

图书在版编目（CIP）数据

Word、Excel、PPT 2016 从入门到精通 / 刘德胜编著.
—北京：中国商业出版社，2017.2

ISBN 978-7-5044-9733-8

Ⅰ.① W… Ⅱ.①刘… Ⅲ.①办公自动化—应用软件
Ⅳ.① TP317.1

中国版本图书馆 CIP 数据核字 (2017) 第 040216 号

责任编辑：武文胜

中国商业出版社出版发行

010-63180647　www.c-cbook.com

(100053　北京广安门内报国寺 1 号)

新华书店总店北京发行所经销

天津中印联印务有限公司印刷

★　★　★　★　★

710×1000 毫米　1/16　14.5 印张　251 千字

2017 年 5 月第 1 版　2018 年 12 月第 5 次印刷

定价：36.00 元

★　★　★　★

（如有印刷质量问题可更换）

内 容 摘 要

　　本书深入浅出，从基础入门知识到专业精通内容都有涉及，比较全面地讲解了 Office 2016 中的 3 个主要组件 Word、Excel 和 PPT 的相关内容及使用技巧。

　　全书分为 9 大章节。按照 Word、Excel、PPT 的顺序进行介绍。第 1~2 章内容是 Word 2016 主要使用方法，基本文本编辑和文档排版等；接下来的 3~5 章是关于 Excel 2016 的内容讲解，主要有表格、公式、函数、数据处理四大内容；第 6~7 章则是 PPT 2016 的相关内容，具体包括幻灯片的基本制作、动画和交互效果设置及幻灯片的放映等；第 8 章内容是通过 3 个办公软件在实际中的应用案例，对上述内容进行训练和回顾；第 9 章讲的则是 Office 2016 的一些实用插件和 3 者之间的相互协作等内容，最后还提到了 Office 2016 在移动端（手机 or 平板电脑）上的应用。

　　本书不仅仅是针对 Office 2016 软件的初、中级学习者，也可以作为各类院校及相关计算机培训班的课件或者辅导材料。

序　言

首先，非常感谢您阅读此书！开卷有益，相信本书对您在计算机方面技能的提高会有很大帮助。

随着互联网在我国的普及和发展，计算机在办公、学习、生活等方面越来越成为一个必需产品，对计算机使用的水平高低也在工作及求职中占据越来越重要的地位。因此，计算机技能是现代都市青年的必备素质之一。为了满足广大读者日益增长的文化需求，针对目前大多数人的水平和接受能力，我们总结多名教育专家、计算机领域相关专家的教训和经验，精心编辑了这本通俗、简单却又实用的《Word、Excel、PPT 2016 从入门到精通》学习图书。

✄ 本书特点

☞ 由浅到深，水到渠成

无论读者的基础水平如何，以前是否使用过 Word 2016、Excel 2016 和 PPT 2016，都可以在本书中找到切入点，进行学习。

☞ 图文并茂，一步一图

本书内容以图为主、文字作辅的形式，对每一个步骤都做了细致、鲜明的讲解。学习内容一目了然。

☞ 理论实践，相辅相成

以实际案例为主线，理论文字为辅助。实现了理论联系实际的教学效果。

☞ 高手秘籍，学无止境

在每一章最后都以"高手秘籍"形式，将前人凝练的各种高级操作技巧展示出来，作为拔高部分。

本书在编写过程中一直致力于严谨求实、易懂易学的理念，由于编者精力、时间及个人水平有限，书中难免出现疏漏，望广大读者予以批评指正。

目　录

第一章
Word 2016 基础知识入门

本章内容简介

　　作为 Office 软件 3 大核心之一的 Word 是目前使用普及率最高的文字处理软件。利用 Word 2016 软件可以非常方便地对文字进行编辑、排版等操作处理。本章主要讲解了 Word 2016 的基本入门知识，包括创建与保存 Word 文档、输入中文等字符、对文字进行基本处理、图片及表格的插入等。

内容预览

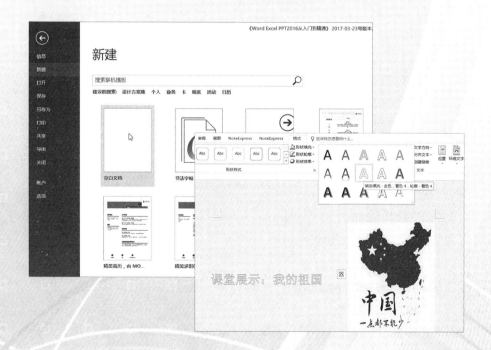

1.1　认识 Word 2016

使用 Word 2016 软件之前，我们先认识一下它。
如下图。

上图便是 Word 2016 文档的图标。下面文字部分是该 Word 文档的名称，文档名称可以自己命名。具体如何命名在下节中会详细讲解。

使用鼠标左键双击便可打开该 Word 文档。

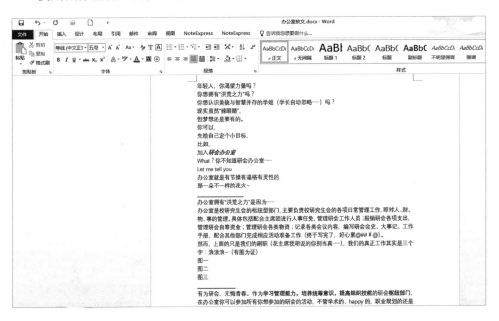

上图中间的白色部分是可以输入文字、图片、表格等内容的编辑区。白色部分上面便是对文字进行编辑的功能区。

1.2　如何新建及保存 Word 文档

对文档的新建和保存操作是最基础的一步，本节便将对其操作方法进行讲解。

1.2.1　创建新的 Word 文档

创建新的文档有两种方式，一种是创建空白文档，一种是使用模板创建。

1. 空白文档

在默认情况下，新建文档都是空白文档。新建空白文档主要有以下几种方式。

a. 单击快速访问栏里面的【新建】按钮，即可快速创建新的空白文档。

b. 在键盘上按【Ctrl+N】组合键，即可迅速创建新的空白文档。

c. 点击左上角【文件】选项，在出现的列表中选择【新建】，在新建区域单击【空白文档】，即可新建空白文档。

2. 创建模板新文档

创建模板新文档，顾名思义就是 Word 软件已经设计好了该文档的模板格式，在使用的过程中只需填入相关文字即可。以创建个人简历为例，具体步骤如下。

a. 点击【创意简历】选项

在 Word 2016 文档中选择左上角【文件】，在打开的列表中选择【新建】，在打开的区域中找到【创意简历】选项。

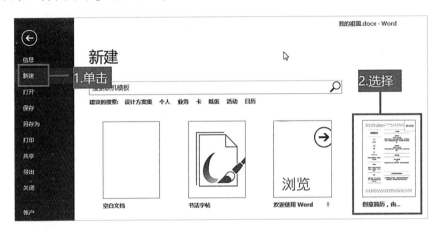

Tips：“创意简历”模板在电脑联网情况下才能下载使用。也可以在联网情况下，搜索其他模板。

b. 输入文本内容

在弹出来的模板文档中，会有一系列的内容需要个人去填写。此时按照模板上的说明去填写即可完成。

Tips：对于输入错误的文本可以将光标放在其右侧，然后点击【Backspace】键删除，重新输入。

1.2.2　文档的保存

在文档编写或者修改后，应当对文档进行保存，否则新编写的那些内容就会丢失，所做的工作也全部作废，因此用 Word 编写文档一定要养成随时保存的习惯。

1. 主动保存

在对 Word 文档进行的编辑结束后，我们可以通过自己的主动操作对文档进行保存。

a. 利用快捷键【Ctrl+S】可以快速地进行保存操作。该操作的保存位置与原文档位置相同，也就是说只是保存内容，不对文档在电脑中的位置做任何修改。

b. 单击页面左上角的【快速访问工具栏】里面的保存按钮，或者单击【文件】选项，选择【保存】。该方法也是只对内容进行保存，原文档的位置仍然不变。

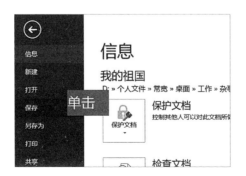

c. 如果不想更改原来的文档，而是要把重新编辑好的文档另存为一篇 Word 文档的话，这时要使用【文件】选项中的【另存为】选项。此时便需要自己设置该文档的格式、存储位置等等。

　　然后会弹出如下对话窗口，选择【浏览】选项设置另存为的保存路径和文档类型（如保存为兼容性较好的 Word 97–2003 文档）及文档名称，最后单击【保存】即可。

之后会弹出如下窗口。

最后保存即可。

2. 自动保存

Word 2016 除了主动进行保存操作之外，还有让电脑自动保存的功能。

a. 在 Word 文档编写后，忘记保存也没关系，这时候直接点击 Word 窗口的右上角关闭按钮后，会弹出一个窗口，让你选择是否保存。

此时会出现三个选项，【保存】就是将新编辑的内容保存到文档中，【不保存】就是放弃所编辑的内容，【取消】就是放弃关闭 Word 文档，继续编辑。

b. 除了上述比较明显的方法外，Word 2016 还自带了一种每隔一定时间进行自动保存的功能，主要是为了防止 Office 软件突然崩溃而丢失数据的情况出现。【文件】→【选项】→【保存】，然后按照下图调整即可。

Tips： 自动保存的操作是在初始文档上进行操作的，不会改变文档的名称、存储位置等信息，要是不想更改原文档且把新编写的文档保存成一篇新的 Word

文档，只能使用【另存为】选项。

1.3 基本内容输入

Word 2016 中最基本的内容包括文字、图片、符号、表格等等。

1.3.1 文字内容

文字内容是 Word 的基本内容，在 Word 中经常输入的文字内容有中文、英文及中英文状态下的标点符号等。通过【Shift】键可以切换中英文状态，【Shift+Ctrl】组合键可以切换输入法。这里以"搜狗拼音输入法"为例，进行演示。

用【Shift+Ctrl】组合键将输入法状态调至 ![状态栏] 状态，即是搜狗拼音输入法的输入状态，即可对文本进行中文输入。

按下【Space】键即可以确定输入内容。按【Shift】键可在搜狗拼音输入法状态下切换成英文输入，此时可以直接对英文内容进行输入。

在输入的过程中，无论是中文还是英文状态下，文字到该行的最右端时，文本内容即自动跳转到下一行。如果未到最右端就想跳转到下一行，可以按【Enter】键来主动结束该段，此时会出现"↵"标记；也可以使用【Shift+Enter】组合键，此时会出现"↓"标记，不过此时并没有产生新的段落，只是换到了下一行而已。

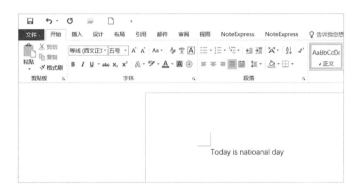

标点符号的输入则比较简单，在中文状态下输入的就是中文标点，在英文状态下输入的则是英文标点符号。

在文档中还可以插入日期和时间等内容。单击【插入】选项卡，找到【日期和时间】选项按钮 ，单击弹出【日期和时间】对话框，选择一种日期和时间的格式，然后选中【自动更新】复选框，最后单击【确定】即可。此时日期和时间即插入文档中，而且改日期和时间还会自动更新。

单击【确定】后，即可得到自动插入的当时的日期和时间。

1.3.2 符号的输入

Word 2016 中的符号除了标点符号外，还有一些特殊的符号。这些特殊的符号在键盘上是看不到的，本节将介绍如何输入那些键盘上看不到的符号。

单击【插入】选项，找到【符号】选框中的【符号】按钮，单击打开符号选项，会弹出一些经常用到的符号。选择你所需要的符号即可插入文档中。

如果这些常用符号里面没有你所需要的符号，则单击其他符号按钮。在弹出的【符号】对话框中选择【字体】下拉菜单，选择你所需要的字体格式，最后找到你寻找的符号即可插入。

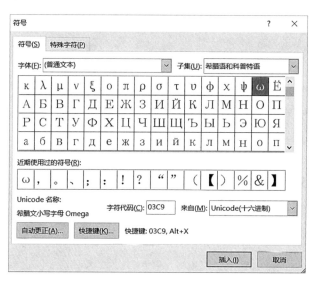

除了正常的标点字符、希腊字母等符号外，Word 2016 中为了美化文本外观，还可以输入一些比较漂亮的字符，如版权所有标志 ©、注册商标标志 ®、小节标志 § 等等。具体的操作步骤和插入正常字符类似，找到【插入】选项卡中的【符号】，单击【其他符号】，出现上图的对话框，单击符号旁边的【特殊字符】按

钮即可选择。

1.4 对文本内容的基本操作

文档内容输入完毕后，一般会对内容做一些基本操作，如选择文本、剪切文本、复制文本、查找与替换部分内容等等。

1.4.1 选择文本

1. 用鼠标选择

使用鼠标可以很方便地对 Word 文本进行选择，无论是字符、段落、区域还是全文等等。以下是具体方法。

a. 通用方法。将光标放在需要选择的内容起始位置的左边（或者结尾的右边），然后按下鼠标左键进行拖曳操作，接下来鼠标经过的区域都会被选中。经过的区域中无论是文字、表格、图片等都可以选中。

b. 选择词语。除了用 a 的方法外，还可以将光标放在词语的中间，然后用鼠标左键双击即可选中。

c. 选择某一行。除了用 a 的方法外，还可以将鼠标移至该行的左侧空白区域，当鼠标变成 ↗ 时，单击鼠标左键即可选中该行。

d. 选择某一个段落。除了使用 a 的方法外，还可以将鼠标移至该段落的左侧空白区域，当鼠标变成 ◁ 时，双击鼠标左键即可选中该段文本。还可以将光标置于该段落内的任一处地方，然后快速单击 3 次鼠标左键。

　　e. 选择全文。除了使用 a 的方法外，还可以将鼠标移至文本左侧空白处，当鼠标变成 ◁ 时，快速单击鼠标左键 3 次即可选中全文。也可以使用工具栏中的选项卡选中全文。具体是：【开始】→【编辑】→【选择】→【全选】，即可选中全文。

2. 使用键盘快捷键

　　在不使用鼠标的情况下，我们还可以通过键盘上的快捷键对文本进行选择操作。具体如下。

　　【Shift+←】，选择光标左边的一个字符。

　　【Shift+→】，选择光标右边的一个字符。

　　【Shift+↑】，选择从光标位置开始到上一行相同位置之间的所有字符。

　　【Shift+↓】，选择从光标位置开始到下一行相同位置之间的所有字符。

　　【Shift+Home】，选择区域为从当前光标位置至该行的开始处。

　　【Shift+End】，选择区域为从当前光标位置至该行的结尾处。

　　【Ctrl+A】或者【Ctrl+5（小键盘）】，选择全部内容，即全选。

　　【Ctrl+Shift+↑】，选择区域为从当前光标位置到该段落的开始位置处。

　　【Ctrl+Shift+↓】，选择区域为从当前光标位置到该段落的结束位置处。

　　【Ctrl+Shift+Home】，选择区域为从当前光标位置至该文档的开始处。同时页面会转到文档开始处。

　　【Ctrl+Shift+End】，选择区域为从当前光标位置至该文档的结束处。同时页面会转到文档结束处。

　　Tips： 利用鼠标和键盘可以快速地选择文本，比如【Shift】键和鼠标左键的搭配，按住【Shift】键同时单击鼠标左键可以选择从光标至鼠标单击处（可以为任意位置）；【Ctrl】键和鼠标左键搭配可以选择不连续的文本内容，按住

【Ctrl】键，然后拖曳鼠标左键即可选择任意区域。

1.4.2 文本的移动和复制

编辑文本时，很多情况下需要调整内容顺序及对一些内容进行重复输入，这时候为了快速操作，便可以使用复制及剪切功能。

1. 复制粘贴文本

复制文本功能可以大大降低文本输入的工作量。以下是几种文本复制方法。

a. 选择要复制的区域，然后单击鼠标右键，在出现的快捷菜单中选择【复制】选项，然后将光标定格到目标位置，单击鼠标右键，在出现的快捷菜单中选择【粘贴】选项粘贴文本内容。

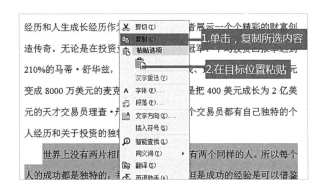

b. 使用工具栏里面的选项进行粘贴复制。【开始】→【剪贴板】选项卡中的 ▤复制 按钮，在目标位置单击 ▤粘贴 按钮即可粘贴文本。

c. 使用快捷键。选中文本后按【Ctrl+C】组合键，在目标位置按【Ctrl+V】组合键即可进行复制粘贴操作。

2. 移动文本内容

在调整文本内容顺序时，使用移动文本操作会很方便地完成你想要的目标。

a. 选中目标，然后把鼠标放到选择区域（即出现阴影的区域），然后单击鼠标左键并进行拖曳，此时会出现一个黑色光标，光标所在的位置即是拖曳的目标位置。

b. 使用工具栏里面的选项进行移动文本。在【开始】→【剪贴板】选项卡中的 ✂剪切 按钮，在目标位置单击 ▤粘贴 按钮即可移动文本。

c. 使用快捷键操作。选中想要移动的文本，按下【Ctrl+X】组合键进行剪切操作，然后将光标定位到目标位置按下【Ctrl+V】组合键即可粘贴文本。

d. 选择要移动的文本。单击鼠标右键，在弹出的对话框中选择【剪切】命令，然后在目标位置右键选择【粘贴】命令即可。

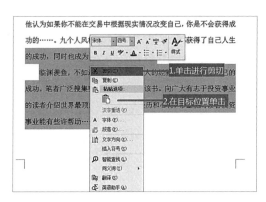

1.4.3　文本的查找与替换功能

1. 查找功能

查找功能可以迅速地帮用户找到特定的内容。

单击【开始】选项卡里面的【编辑】组中的【查找】命令，打开导航窗口。输入所想查找的内容即可快速查找。查找内容可以是全文的任意一个，输入关键词查找之后，文本中符合关键词的内容会用特殊颜色标出，如果有很多符合关键词的内容，可以使用【上一个】按钮或【下一个】按钮进行查看。

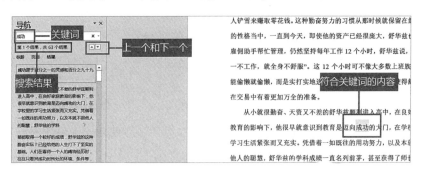

2. 替换功能

替换功能的最大的用处是可以帮助用户快速修改相同的一些内容。

在 Word 文档中，单击【开始】选项卡下面的【编辑】组中的替换按钮即可打开【查找与替换】对话框，在【查找内容】框里输入你要查找的字符即可，如"成功"，在下面的【替换为】框里输入你想要替换后的内容，比如"失败"，单击【全部替换】即可将所有的"成功"字符替换为"失败"；如果只想替换一部分，则可以单击【查找下一处】进行筛选即可。

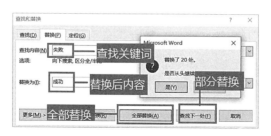

Tips： 查找功能的快捷键是【Ctrl+F】；查找替换功能的快捷键是【Ctrl+H】。

1.4.4　快速操作——撤销和恢复

Word 2016 的左上角快速访问栏里面有三个非常实用的功能键，就是撤销、重复和恢复按钮。

如上图所示，左起第二、三两个按钮就是撤销和重复按钮，当你点击撤销按钮后，其右边的重复按钮就会变成恢复按钮。如下图。

此时，左起第三个图标即是恢复按钮。

a.【撤销】按钮，顾名思义就是取消最后一次的操作；如果要连续取消操作，可以对其连续左键单击即可。另外也可以指定撤销操作，单击【撤销】按钮右侧的下拉键，选择其中一部操作左键单击即可取消操作。

b.【重复】按钮，就是重复上一步的操作，以节省时间。

c.【恢复】按钮，当操作失误需要恢复时使用。

1.5　设置字体

Word 文档中，对文字格式可以进行字体、字号、颜色、字符间距等参数的设置，最后还有一种特殊效果的字体，称为文字艺术效果，也包含在字体的设置内容之中。接下来本节就简单地介绍下如何使用 Word 2016 软件对文档字体进行设置。

1. 字体

一般来说字体主要有 3 个方面内容：字体、颜色、大小。在一篇 Word 文档中一般默认中文字体是宋体、四号、黑色。通常有两种方法可以对其进行修改。

a. 使用字体选项对其设置。【开始】→【字体】中的相应功能按钮就可以对字体进行设置。

Tips：设置字体首先要选中操作对象。

b. 字体对话框

选中要设置的字体后，单击鼠标右键，在弹出的对话框中选择【字体】选项，或者单击工具栏中【字体】选项组右下角的拉伸按钮，都可以打开【字体】对话框，并对字体进行设置。右键时也可以使用在选中的文本区域右上角的浮动工具栏进行快速设置。

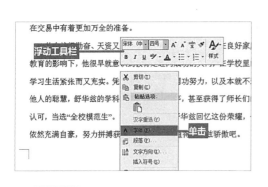

Tips：浮动工具栏内也可以对字体等进行快速设置；【字体】对话框的快捷键是【Ctrl+D】。

2.字符间距设置

字符间距设置指的是紧邻的两个字之间的距离等效果设置。按照上述所说打开【字体】选项卡，选择【高级】按钮 高级(V)，即可对字符间距的相关选项进行设置。

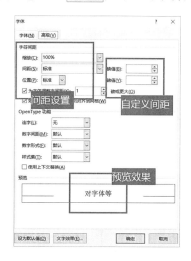

Tips：自定义间距即是在"磅值"内输入或者选择一个数字即可。

3.文字艺术效果

艺术效果可以使文字看起来更加美观，可以起到美化文档外观的效果。具体操作如下。

首先选择所要设置的区域，【开始】→【字体】中单击【文本效果和版式】按钮，在下拉选项中即可选择所偏好的文字效果。

设置效果如下所示。

文字艺术效果设置

1.6 设置段落和编号

段落设置就是指以段落为单位进行格式的设置，包括段落的对齐方式、段落缩进、段落间距等。编号则是根据段落顺序及内容逻辑关系给段落添加编号以便于进行查找等操作。

1.段落对齐方式设置

段落整齐排列的文档可以使人感觉赏心悦目。Word 2016 中提供了 5 种经常使用的对齐方式：居中对齐、左对齐、右对齐、两端对齐及分散对齐等。设置方式有两种。

a. 可以通过页面上方工具栏进行设置，从【开始】→【段落】中对齐方式按钮来选择。

b. 单击【开始】→【段落】右下角的下拉箭头或者鼠标右键，选择【段落】选项对话框进行设置。找到【缩进和间距】选项下的【常规】选项组中的【对齐方式】，选择一种所需方式即可。

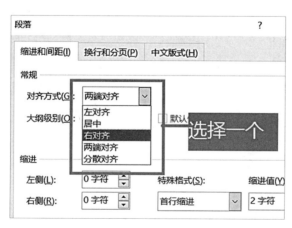

2. 段落缩进设置

段落缩进有首行缩进、悬挂缩进段落左右边界缩进等三种方式，常用的便是首行缩进 2 个字符。下面便以首行缩进 2 个字符来进行演示。

按照上面所述的打开【段落】对话框，找到【特殊格式】选项卡，打开右面的下拉键，选择【首行缩进】并在右面的【缩进值】一栏选择 2 字符即可。

3. 段落间距及行距

行距指紧邻的两行之间的间距，段落间距指的是紧邻的两个段落之间的距离，是以段落为单位计算间距。段落间距包括段前和段后间距，可以非常方便、自由地进行设置。

段落距离的设置和对齐方式一样，也有两种设置方法，而且这两种方法所使用的对话框是完全一样的，为了避免赘述，这里便不再重复打开方式的介绍。

a. 通过页面上方工具栏进行设置，具体如下图。

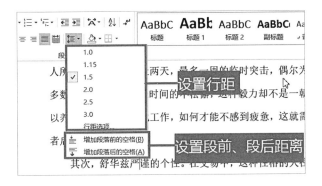

b. 通过打开【段落】对话框进行设置。具体如下。

4. 编号设置

编号的设置非常简单方便，在页面上方的工具栏中的【段落】选项卡中即可进行设置。

Tips：在下面的【定义编号格式】和【设置编号值】选项卡中也可以对编号进行自定义设置，读者可以自行探究。

1.7　边框底纹设置

边框和底纹可以使得文本字符或句子段落看起来更加美观，从而达到美化页面的效果。边框指的是在句子或者字符周围应用框线，底纹则是对所选中的文本加设背景。

1. 边框设置

具体步骤如下所示。

a. 选择所要加边框的文本内容。

Word 2016 设置边框

b. 选择边框底纹选项。【开始】→【段落】中的边框下拉按钮，在弹出的选项列表中选择【边框和底纹】选项。

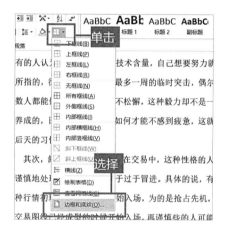

c. 在弹出的【边框和底纹】对话框中，再选择【边框】选项，对边框的具体样式进行设置。

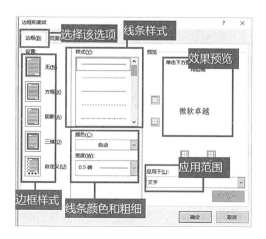

Tips：Word 2016 中所有边框设置都是在这里完成的，比如段落、页面、图片等等。

2. 底纹设置

底纹和边框虽然内容类似，且设置方式相近，但是还是有些微区别的。边框可以作用在整个页面上，然而底纹不可以，底纹只能作用于文字和段落。

底纹设置不仅可以在【字体】选项卡中，也可以在【段落】选项卡内进行设置。

在【字体】选项卡中，该按钮可以快速地对文字和段落底纹进行设置，只不过该按钮设置的底纹只有一种颜色可选，即灰色且灰度为 15%。

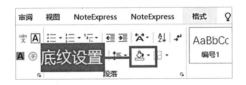

而在【段落】选项卡中的底纹设置则可以自己挑选合适的颜色和透明度。

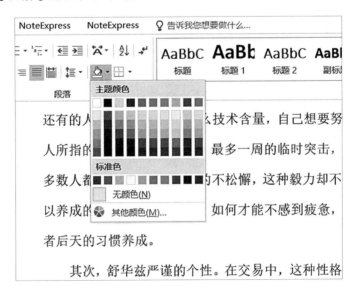

1.8　图片和表格插入设置

图片的插入，可以使文本内容更加活泼、形象；而表格的加入则可以使 Word 内容包涵更丰富的内容，使得文档中的数据更加鲜明、清晰化和专业化。

1. 插入图片设置

插入图片有两种选择，一种是插入本地图片，另一种是插入联机图片，使用得最多的就是插入本地图片。下面就以插入本地图片为例来进行演示。

找到【插入】→【图片】按钮，单击。之后会弹出插入图片的地址选择，找到电脑上需要插入的图片的位置，选择图片即可插入。

插入图片后，也可对图片进行调整。单击选中要调整的图片，在【图片工具】→【格式】下的【调整】和【图片样式】两个选项卡下，可以选择对图片进行各种方式的调整。

单击【调整】选项卡中的【更正】按钮可以对图片的亮度 / 对比度、锐化 / 柔化等进行调整；在【颜色】按钮中可以对图片的颜色饱和度、色调等进行调整；在【艺术效果】中可以改变图片的显示效果，使图片显示更加美观、引人注目。

Tips：也可以通过联网来插入联机图片，此时电脑要连接互联网。

2. 插入表格设置

表格的基本单位是单元格，在单元格中不仅可以输入文字、数字等字符，还可以插入图片。插入表格可以有多种方法，这里介绍 Word 2016 文档中常用的三种。

a. 插入快速表格。快速表格是 Word 2016 内部已经创建好的表格模板，可以直接使用，但是其种类有限，只有一些特定的表格。步骤如下：单击【插入】→【表格】→【快速表格】，然后选择需要的一个即可。

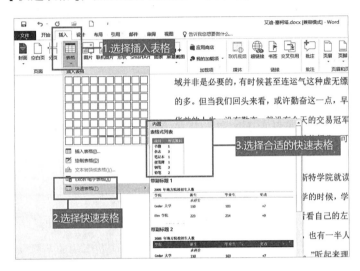

b. 通过表格菜单创建。该方法仅适用于行列都较少的表格创建，对于一般情况下的表格已经基本足够用，快速、方便，所以是最常用的方法。不过表格一般不能超过 8 行、10 列。具体步骤如下：【插入】→【表格】，在中间有许多方块的地方选择即可。一个方块是一个单元格，即是 1 行 1 列，需要多少选几个即可。

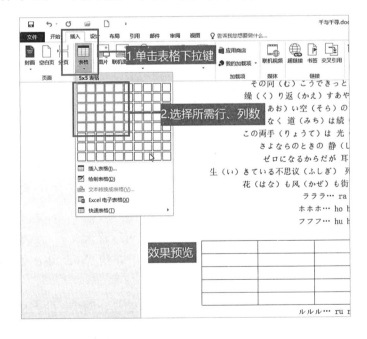

c.使用表格对话框实现。上述两种方法虽然比较简单、方便，但是对于一些行列数较多的情况显然不适用了，比如列数大于 10 时通过方法 b 就无法实现了。此时便需要功能更强大的表格对话框来实现了，步骤如下：【插入】→【表格】，选择【插入表格】按钮，在弹出的对话框中选择行数、列数即可。

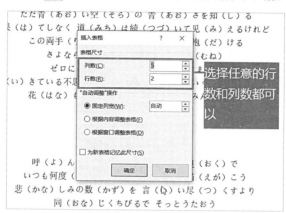

对于一些特殊情况下不规则表格的绘制时，上述方法便无能为力了。这时可以使用表格绘制工具来完成。具体步骤是：【插入】→【表格】，在下拉菜单中选择【绘制表格】按钮。此时鼠标图形会变成一支笔的形状，在需要的地方画线即可。可以画的线一般有横线、竖线以及单元格内的斜线。

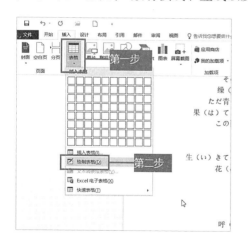

在画错的时候也可以使用橡皮擦工具擦去画错的部分。单击【绘制表格】工具栏后在页面上方会出现绘制表格的工具栏，找到【橡皮擦】选项卡，单击即可使用，此时鼠标会变成橡皮擦形状。

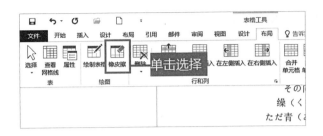

1.9 牛刀小试——课堂展示的制作

随着多媒体在校园里的逐渐普及，使用多媒体上课的学校已经变得很常见，所以老师或者学生在上课过程中已经离不开这些学习课件了。在本节里怎么使用 Word 2016 来进行一堂简单的课堂学习。以"我的祖国"为题目。

本节内容使用背景色、图片、表格等等方式使得教学内容更加多元、美观，更能让老师或者学生展现自己的个性。

第一步：设置文档背景色

改变文档背景色，使之更加美观、健康（减少对眼睛刺激）。

新建 Word 2016 文档，命名为"我的祖国"。单击【设计】→【页面颜色】，在下拉选项中选择"绿色，个性色6，淡色80%"的背景颜色。

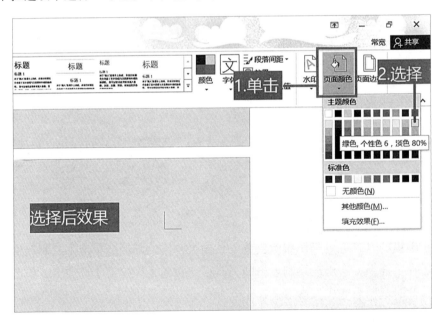

第二步：设计标题及插入图片

单击【插入】→【图片】选择所要插入的图片，并调整合适的大小。然后再设计标题样式，步骤如下：【插入】→【文本框】，选择第一个选项卡【简单文本框】按钮，然后在文本框内输入文字"课堂展示：我的祖国"，并设置成艺术字格式，然后选择在艺术字【格式】设置栏内设置"无轮廓、无填充色"选项，最后设置字体为"宋体"，字号为"小一"。

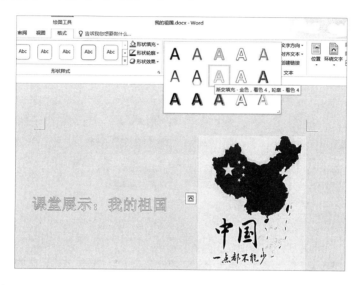

第三步：设置内容格式

接下来便是输入文本内容，并对内容进行设置。

设置字体为"宋体、四号"，并把段落设置成"首行缩进 2 字符"，段落行距为"单倍行距"。

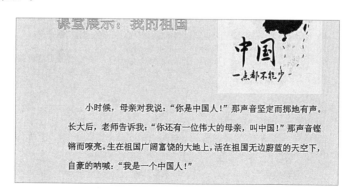

接下来，在合适的地方设置项目符号，以引起别人注意。

◇ 1971 年，第 26 届联大，乔冠华笑出了我们共同的喝彩；

◇ 1972 年，尼克松跨洋握手，祖国，我为你自豪；

最后，插入表格。表格设置为"2×7"，设置表格样式。步骤如下：【表格工具】→【设计】→【表格样式】中选择如图所示即可。

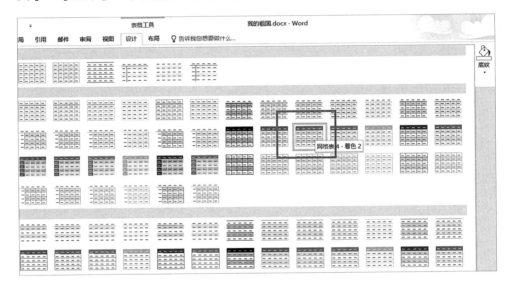

输入表格内容，课堂展示的 Word 文件便制作完成。

台，坚若磐石的海岸……

骄人的祖国，我因你自豪！

国土面积	960 万陆地、470 万海洋
民族	56 个
官方语言	汉语
人口	14 亿
行政区划	34 个省级行政单位
通用文字	汉字
主要宗教	佛教，道教、儒教

高手秘籍

　　Word 2016 相比以前版本有了很多的改进，许多功能也更加的便捷。下面就分享几个比较快速处理文本的小技巧吧。

　　首先是跟本章密切相关的文本编辑功能。字体的大小设置，在实际运用中我们可能对"字号"的理解不是很深刻，确定不了想要的具体"字号"大小，这时可以使用字体每一级的变大或变小按钮来选择一个合适的"字号"。

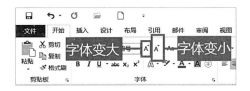

　　接下来就是英文输入时，会碰到首字母大写的问题。如果一个个调整的话，会很烦琐，也没有必要。这里有一个比较简便的方法，可以设置英文输入时"句首字母大写"，这时首字母就会自动变成大写。

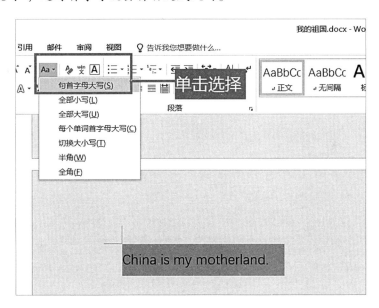

第二章
Word 2016 高级知识精通

本章内容简介

Word 2016 的高级知识是关于页面的设置、页眉页脚、页码及高级目录等的设置，还有打印页面等等。这些便捷而实用的功能都是 Word 2016 之所以能如此获得大家青睐的关键，对大量内容的文本进行快速排版、设计、并能转化为纸张上的内容。

内容预览

2.1 页面布局设置

Word 页面布局设置一般指的是页面的页边距、纸张的大小、页面分栏及页面的横向或纵向放置等等。

1. 设置页边距

页边距即留白，就是边沿部分留出空白位置。这不仅显得美观、方便装订，也可以在平常使用时方便做笔记。页边距的设置十分形象方便，不仅能设置页面的上、下、左、右边距，也可以设置页眉和页脚的边界距离。具体步骤如下。

单击【布局】→【页边距】下拉键，进行调整页边距。Word 2016 中给出了一些常用的页边距模板，可以直接选择使用，也可以根据自己需要进行个性化设置。

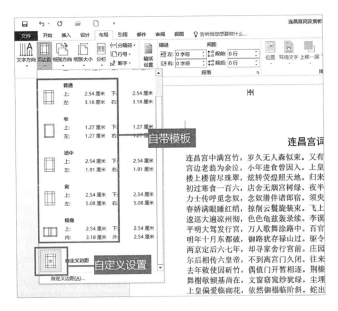

Tips：打印机在打印时是有一个范围的，如果在【自定义边距】时，超出了打印机默认范围的话，会出现提示。因此，页边距的设置要合适，太宽或者太窄都不好。一般情况下，Word 默认的页边距都可以满足日常需求。

2. 设置页面大小和方向

Word 中的页面即常见的纸张，很显然，它也有大小和方向之分。页面的大小和方向也可以根据实际需要进行设置，具体步骤如下。

纸张方向分为"横向"和"纵向"，根据实际需要选择。【布局】→【纸张方向】，便可设置。

Tips： 在【页边距】自定义边距设置中也可以设置纸张的方向，感兴趣的可以自己试试哦。

【布局】→【纸张大小】，在下拉菜单中选择所需纸张的大小。

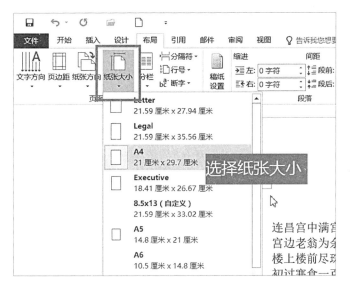

3. 设置页面分栏

很多时候，文档排版需要将页面分成两栏或者更多栏进行编辑。这时候便需要使用页面分栏功能了。在 Word 中可以将页面分成两栏、三栏甚至更多，具体步骤如下。

可以使用快捷分栏来快速地设置页面分栏。【布局】→【分栏】，单击下拉按钮，选中所需分栏即可。

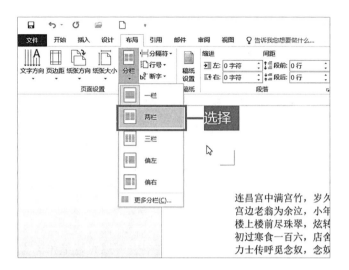

如果分栏大于三栏时，可以使用分栏对话框来设置。使用对话框设置更加详细，也更加地实用。依次选择【布局】→【分栏】，单击下拉菜单中的【更多分栏】选项卡，弹出【分栏】对话框。

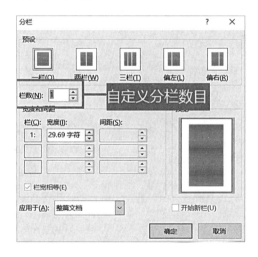

在对话框中不仅可以设置分栏数目，也可以对每个栏各自的宽度、间距进行设置。

2.2 大纲级别设置

对于一篇比较长的文本，目录是非常必要的，而大纲级别则是设置目录的必要前提。大纲级别可以通过导航窗口快速地定位到特定文档位置，还可以折叠及展开每个章节的文档内容。每个段落的大纲级别设置通常有两种方法。具体步骤如下。

a. 通过段落对话框进行设置。首先选中该章节的题目，然后打开段落对话框，找到【大纲级别】选项卡，单击下拉按钮选择级别即可。

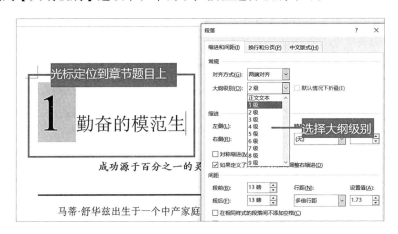

b. 通过引用工具栏中进行设置。首先选中该章节，然后单击【引用】→【添加文字】选项下拉按钮，选择【2 级】，即可设置该章节为二级大纲。

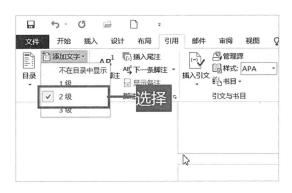

Tips：2 级大纲是 1 级大纲中的小节，3 级大纲是 2 级大纲中的小节，以此类推。

2.3　目录设置

类似于书籍中的目录检索，Word 中的目录索引也是快速查找长篇文档中内容非常方便的方法。

要想在 Word 2016 中设置目录，首先需要做的是给每一页添加页码，并且设置段落的大纲级别。在每一个段落和每一页都设置完毕后，便可以提取生成目录。具体步骤如下。

在文档开始处单击【插入空白页】，生成一张空白页面为放置目录准备，然后单击【引用】→【目录】，打开下拉菜单，选择【自动目录 1】，即可自动生成目录。

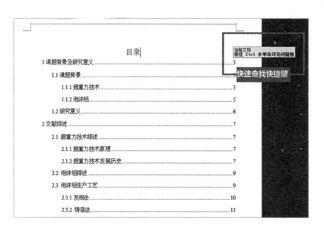

Tips：如图中所述，按住【Ctrl】键并鼠标左键单击即可跳转到相应标题内容处。

2.4 文档样式设置

文档的样式包括单个字符和由字符组成的段落两种，字符样式和段落样式分别以字符和段落为基本单位进行设置。

1. 查看及使用样式

字符和段落样式基本上确定了该文档的基本形貌，对文档中文字和段落等格式做了详细的规定。字符样式包括字体、字号及相关的一些衬托等；段落样式包括字体、间距、对齐方式、边框、编号及缩进格式等等。

【开始】→【样式】，便可查看【样式】的基本菜单栏。将鼠标定位到某一段落，然后左键单击上述样式中的某一种，便可对该段落设置该样式。如果想要查看该样式的具体设置，可以将鼠标放在某一样式（如标题）上，然后右键单击，在出现的菜单中选中【修改】选项，弹出的对话框中会出现该样式的具体内容。

2. 修改样式

如果 Word 2016 内置的样式不能满足需求，则可以自行进行创建样式，具体步骤如下。

左键单击系统内置样式右侧的【其他】按钮，选择【创建样式】选项卡。

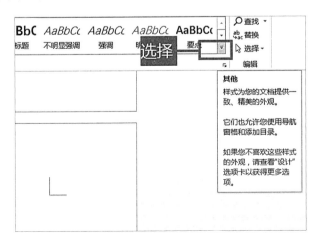

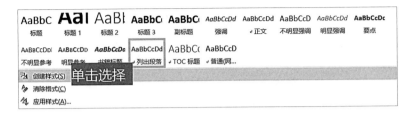

单击【创建样式】之后，在弹出的对话框中选择【修改】按钮，就会弹出新建样式的对话窗口。在该对话框中对样式的名称、应用范围等等都可以设置，还可以单击左下角【格式】下拉按钮，单独对字体、段落、边框、语言、文字效果等进行修改设置。比如，以设置"正文内容"格式为例，楷体、4 号字、加粗显示；段落为首行缩进 2 字符、单倍行距、段前段尾间距各 12 磅、两端对齐。具体设置见下图。

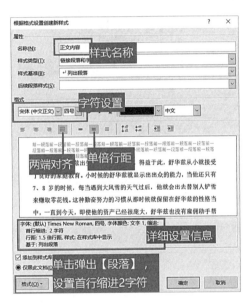

Tips：对于不需要的样式可以单击【清除样式】进行删除。

2.5 快速应用——格式刷的使用

上节中可以看出，样式的设置有一定的复杂性。这里有一个可以快捷应用样式的方法，即使用格式刷功能。"格式刷"具有快速复制段落样式的功能，然后选中目标段落即可快速的应用样式格式。具体步骤如下。

先将鼠标光标放置在想要复制的样式的段落，然后依次找到【开始】→【剪贴板】→【格式刷】。

之后选中目标段落，即可将样式应用到所选段落。

使用之前。

使用之后。

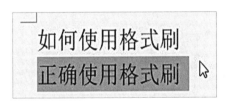

Tips：单击一次格式刷的作用只能使用一次，连续单击两次【格式刷】则会一直有效。

2.6　页眉页脚设置

页眉页脚是对 Word 页面上最上面和最下面的空白部分进行编辑，如页眉上编辑论文题目，页脚上插入 Word 文档页码，不仅美观也很实用。

1. 插入页码

Word 文本中插入页码，不仅可以方便查找记录，也是生成目录的必要条件。具体步骤如下。

【插入】→【页眉和页脚】，在【页眉和页脚】选项栏里单击【页码】下拉键，选择【页面底端】→【普通数字 2】即可插入设置好的页码格式。

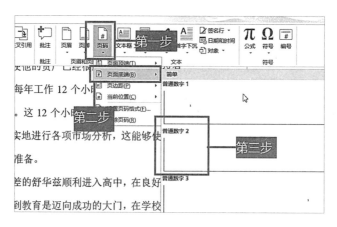

也可以对页码格式进行调整，方法是：【插入】→【页眉和页脚】，选择【页码】下拉键，单击【设置页码格式】。

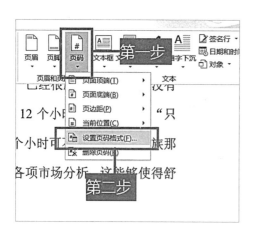

页码样式是底部页码数字显示的格式，比如半角或者全角格式；【页码编号】选项则是页码的调整，该页的页码可以是接续上一页数字，也可以是单独另起。

Tips：页码格式设置之后，还要再选择插入页码后才会生效。

2. 插入页眉和页脚

页眉和页脚可以向读者快速传达文本的一些重要信息，如作者、标题等。具体步骤如下。

单击【插入】选项卡，找到【页眉和页脚】选项栏，点击【页眉】下拉键，选择第一个内置页眉模板"空白"即可。

页脚的插入和页眉步骤一样。

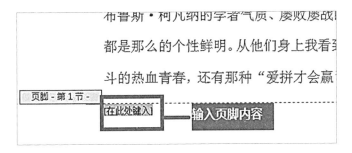

2.7　牛刀小试——给论文排版

本科生毕业论文不仅需要编辑文本，还要对其格式、大纲级别、页码、目录、页眉、页脚等按照要求编辑。每个学校的论文格式有时候不尽相同，本节就基本的论文编辑进行讲解。

1. 首先是论文首页的设置。

论文的首页是对个人信息、论文题目等进行展示的一页。但也要注意不同层次的字体大小区别。

北京大学

论文题目：超重力技术应用浅论

学　　院：　工学院
姓　　名：　李小明
学　　号：　201303005
指导教师：　胡　骏

2017 年 6 月 29 日

上面是输入的个人基本信息，并对其进行必要的设置使之看起来更加正式，占满整个页面。

北京大学

论文题目：超重力技术应用浅论

学　　院：　工学院
姓　　名：　李小明
学　　号：　201303005
指导教师：　胡　骏

2017 年 6 月 29 日

2. 内容格式设置

每个学校的毕业论文格式迥异，要根据个人所在学校的要求进行设置。这里以章节标题和正文文本为例简单地介绍一下论文的设置。

首先是标题设置。标题一般分为三个等级标题，这里以一级标题为例。单击【创建样式】，具体见章节 2.4，然后设置字体、字号等信息，再在【格式】→【段落】中设置大纲级别为 1 级。

对名称和字体设置完毕后，再设置大纲级别。

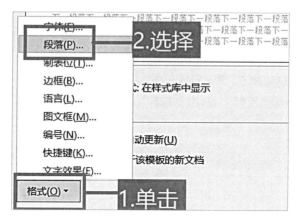

设置完毕后，便可依照同样的方法设置 2 级、3 级大纲级别。最终效果如下所示。

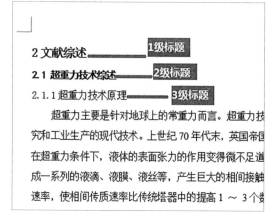

Tips：设置完一个后，可使用格式刷工具设置其他同样级别的标题。

3. 页码页眉设置

毕业论文中的页码是必须要加入的，因为它是生成目录的必要条件。而页眉上可以放置论文题目，使论文看起来更加美观。

单击插入【页码】，选择一种合适的页码格式，完成页码插入操作。

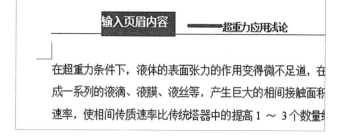

单击插入【页眉】，选择一种合适的页眉格式，完成页眉插入操作。

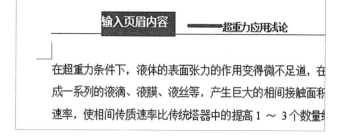

4. 设置论文目录

在格式内容设置输入完毕后，便可自动生成目录。具体步骤如下。

首先在论文前言前面插入空白页，以便放置目录。然后单击【引用】→【目录】，打开目录下拉按钮，选择一个合适的目录格式插入。并设置显示大纲级别为 3 级。

在【目录】下拉键中选中【自定义目录】按钮，在弹出的对话框中选择显示 3 级大纲级别。

5. 完成

根据学校论文格式要求中的其他要求完成设置，至此毕业论文的初步排版就基本上完成了。

✎ 高手秘籍

页眉线的删除。

相信读者也在前面的学习中发现了，在设置页眉时，输入内容下方会出现一条横线，有时候并不需要它。那么怎么样才能把它删除呢，这里有一个方法。如下图所示。

删除之后的效果图如下所示。

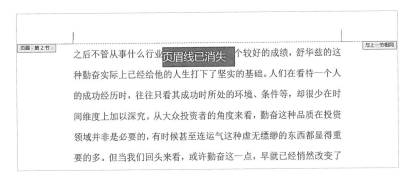

种勤奋实际上已经给他的人生打下了坚实的基础。人们在看待一个人的成功经历时，往往只看其成功时所处的环境、条件等，却很少在时间维度上加以深究。从大众投资者的角度来看，勤奋这种品质在投资领域并非是必要的，有时候甚至连运气这种虚无缥缈的东西都显得重要的多。但当我们回头来看，或许勤奋这一点，早就已经悄然改变了

第三章
Excel 2016 基础知识入门

本章内容简介

Excel 2016 主要应用于电子表格处理，对于数据的筛选、排序等非常方便，更可以对数据进行非常复杂的计算和精准分析，并以清晰易懂的图表形式表现出来，极大地提高了数据处理的能力和效率。

内容预览

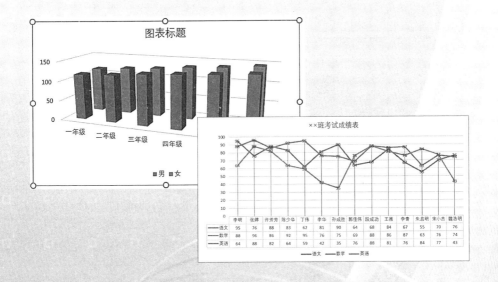

3.1 认识 Excel 2016

在学习 Excel 2016 基本知识之前，先认识一下它。如下图，便是 Excel 表格的图标，其扩展名是 xlsx。

班级成绩表.xlsx

双击鼠标左键打开该文件，系统会在打开时自动创建一个以 Excel 文档名称命名（即班级成绩表）的工作簿。这里介绍一下工作簿的概念，平常所说的 Excel 文件就是工作簿文件，工作簿是处理各种复杂数据时直接接触的平台。关于工作簿的创建方法，在下面的内容中会详细介绍。

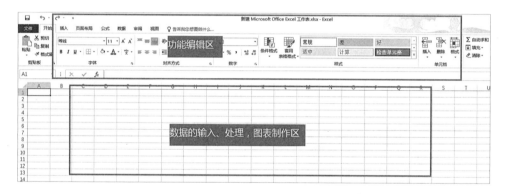

同 Word 文档一样，Excel 文件页面也分成了两个区，白色区域上部是功能编辑区，而白色区域则是数据的输入、处理及图表的制作显示等区域。在白色区域，有许多横纵交叉的线，将页面分成了一个个小小的"格子"，这些"格子"就是 Excel 表格的基本单元——单元格。

3.2 新建与保存工作簿

接下来介绍工作簿的创建方法。

1. 打开 Excel 文件自动创建

如上面图中所示，在打开一个 Excel 文件时，系统会自动创建以 Excel 文档名称命名的工作簿。

2.【文件】中的【新建】选项

如果还想再新建一个工作簿，可以单击【文件】，然后找到【新建】选项卡，单击【空白工作簿】即可。这时的工作簿名称被系统自动命名为"工作簿1"。

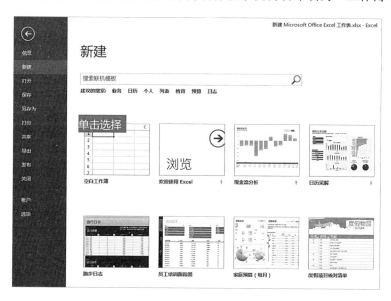

Tips：【新建】选项中还有许多非常实用的 Excel 工作簿模板。

3. 快速访问栏新建工作簿

在 Excel 窗口左上角的【自定义快速访问栏】中，单击【新建】选项，即可快速新建工作簿。

Tips：使用快捷键【Ctrl+N】即可快速创建一个空白工作簿。

数据处理完成后需要保存时，具体步骤请参见本书 1.2.2 章节。

3.3　工作表基础知识

如果说工作簿是一本笔记本，那么工作表则是其中的一页页纸张。每个新建的工作簿有一个默认的工作表，即 Sheet 1。如果需要，我们可以新建一个工作表，命名规则是 Sheet 2，Sheet 3……每一个工作簿最多可以创建 255 个工作表。

3.3.1　新建和命名工作表

工作表的新建和命名步骤如下。

在工作表右侧，即 Sheet 1 右侧有个按钮，单击即可新建工作表。

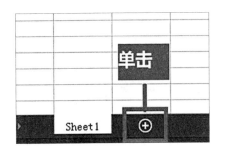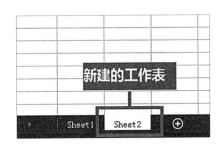

新的工作表自动命名为 Sheet 2，如果想重新命名，请参考以下步骤。

右键单击 Sheet 2，选择【重命名】选项卡。

此时 Sheet 2 会出现阴影，这时可以输入文字进行重命名，输入需要的新名称，点击【Enter】键即可。

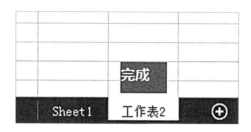

如上图，即为重命名完成后的效果。

Tips：用鼠标左键直接在 Sheet 2 上双击也可以进行重命名操作。

3.3.2 插入工作表

如果遇到需要在 Sheet 1 和 Sheet 2 之间新建一个工作表的情况时，可以使用插入工作表功能。有两种方法，具体步骤如下。

1. 使用插入选项

在 Excel 表中，选择【开始】→【插入】→【插入工作表】选项卡，即可插入新的工作表，新工作表的位置默认在当前选中的工作表左侧。

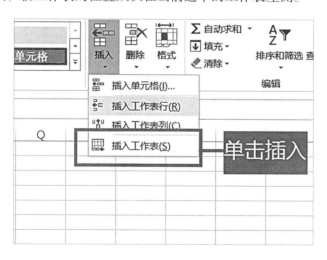

具体效果图如下。

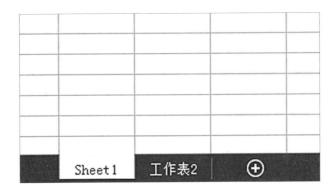

上图为插入之前。

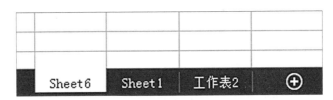

上图为插入之后。

Tips：插入工作表的快捷键组合是【Shift+F11】。

2. 使用快捷菜单插入

找到需要插入的位置右侧的工作表，右键单击，选择【插入】选项卡，找到第一个【工作表】选项，单击确定即可插入新的工作表。

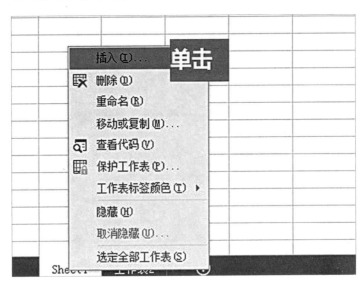

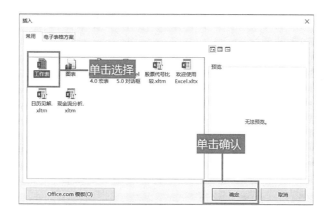

选择工作表，单击确认后即可创建新的工作表。

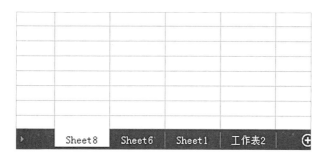

3.3.3　工作表的选择

在对工作表进行数据操作之前，首先要选中它。选中的情况有三种：选择一个工作表，连续的两个或以上的工作表及不连续的两个或者以上的工作表。在选择大于一个的工作表时，工作簿标题栏上会出现"工作组"字样。

选择单个工作表时，最方便、快速的方法便是用鼠标左键单击。

当需要选择一些连续的工作表时，可以使用辅助按键【Shift】，先单击第一个工作表，然后按住【Shift】键，再单击最后一个工作表即可完成。

当需要选择一些不连续的工作表时，可以使用辅助按键【Ctrl】，按住【Ctrl】键的同时，左键单击需要选择的工作表即可。

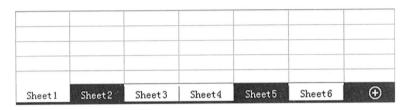

3.3.4 工作表的移动和复制

移动和复制工作表是 Excel 处理数据时经常会碰到的操作，熟练掌握这两个操作对处理数据大有裨益。

1. 移动工作表

移动工作表有两种情况，一种是在同一个工作簿内进行移动，另一种是将工作表从一个工作簿移动到另一个工作簿。

a. 鼠标拖曳法

用鼠标左键选择需要移动的工作表，并按住不松，然后将鼠标指针移动到目的位置，在拖曳的过程中会出现一个黑色倒三角，该倒三角位置即是代表工作表的位置。

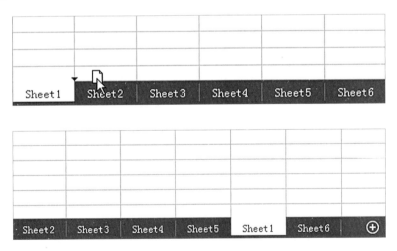

b. 使用菜单栏

在目标工作表上使用鼠标右键单击，选择【移动或复制】选项卡，单击之后会弹出对话框，选择需要插入的位置即可。

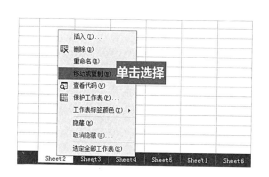 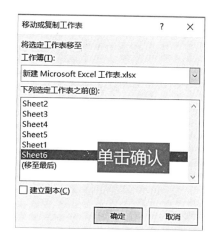

Tips：移动的位置是在所选择工作表的左侧，比如在本例中，需要将 Sheet 2 移动到 Sheet 1 右侧，则在选择时需要选择 Sheet 6。

当需要将工作表移动到另一个工作簿时，同方法 b，只是在选择时需要选择另外一个工作簿。

然后再选择所需要移动的具体位置即可。

2. 复制工作表

复制工作表和移动工作表的操作基本一样，只是在使用鼠标快捷键时需要同时按住【Ctrl】键。

而利用选项卡进行复制操作时，同移动工作表完全一样。这里不再赘述。请参考移动工作表步骤。

3.4 单元格基本设置

在 Excel 表格中，单元格是数据编辑的最基本元素。在单元格中不仅可以保存数值、文字等数据，还可以编辑声音等文件。因此，要对单元格特别熟悉才能熟练驾驭 Excel 文档。

3.4.1 认识单元格

在本章开头时，对单元格进行过简单的描述。这里再进行详细的介绍。单元格就是在 Excel 页面上被一条条横纵线分割而成的一个个小格子，如同地球上的经纬度一样，每一个小格子都有自己的一个"地址"，如"B5"，在名称框里面输入"B5"，就可以立即选中它。字母代表列，数字代表行，B5 就是指 B 列的第 5 行那一个单元格。

当单元格边框线变成青粗线时，表明此时单元格处于选定状态，该单元格的地址名称同时会出现在名称框中。

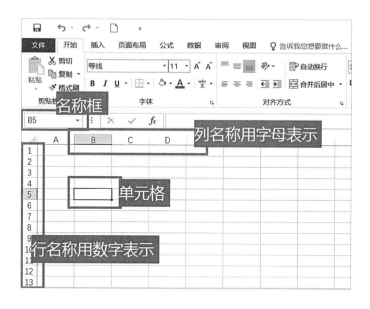

3.4.2　单元格的选择

可以选择单个单元格，也可以选择单元格区域。选中单个单元格时，只需用鼠标左键单击或者在名称框里面输入该单元格地址即可。而选择单元格区域则有几种不同方法。具体如下。

a. 鼠标拖曳法

将鼠标指针放到 B2 上，按住左键不放，拖曳到 D6，即可选中 B2 到 D6 的所有单元格。

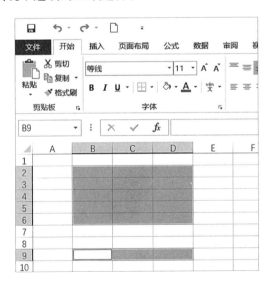

b. 使用【Shift】辅助

左键单击选中 B2，按住【Shift】键的同时鼠标左键单击 D6，即可选中 B2 到 D6 的所有单元格。

c. 使用名称框

在名称框里面输入 "B2:D6"，然后按【Enter】键也可以选中该区域。

以上三种方法是选择连续单元格区域时的方法，当需要选择不连续的区域时，需要用到辅助键【Ctrl】。当选定一个区域后，按住【Ctrl】键，再去选择其他区域，就可以实现不连续的区域选择。

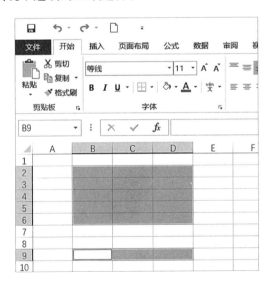

选择一行或一列。

选择一行或者一列时，只需将鼠标指针放到行名称或者列名称上即可，此时指针会变成向右或者向下的黑色箭头，单击即可选择一行或一列。

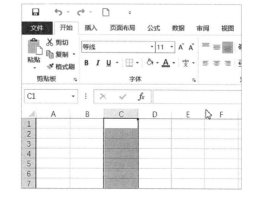

全选单元格。

需要全选单元格时，有两种方法。一是单击左上角的【全选】快捷按钮；二是使用快捷键组合【Ctrl+A】选择整个表格。

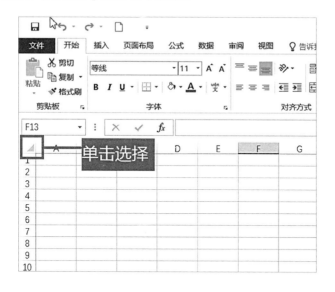

3.4.3 合并拆分单元格

页面上一个个独立的单元格并不是"老死不相往来"的，它们是存在着诸多内在联系的一个有机整体。

合并与拆分是最常见的单元格操作，不仅可以有助于数据编辑，也能起到美化页面的效果。

1. 合并单元格

合并单元格是指将多个单元格合并成一个的操作。依次找到【开始】→【对齐方式】→【合并后居中】，即可合并且使其内容居中显示。

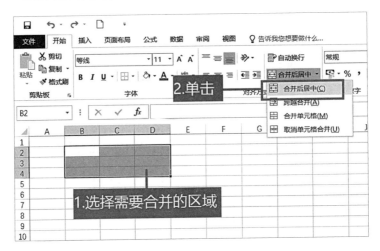

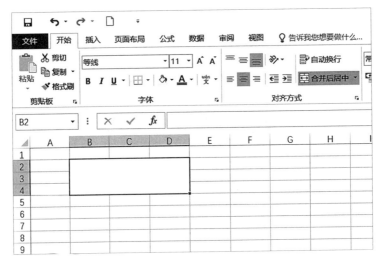

Tips：合并后的单元格地址是以合并前左上角的单元格表示的。

2. 拆分单元格

选中已经合并的单元格，单击【合并后居中】右侧的下拉按钮 [合并后居中 ▾]，会出现一个【取消单元格合并】的选项，单击即可。

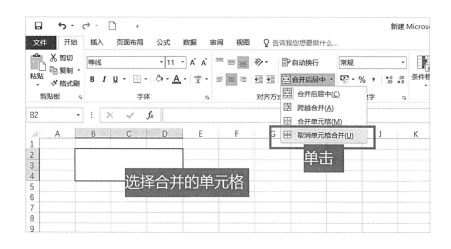

3.4.4　行和列的设置

编辑数据时，很多时候需要对行和列进行插入、删除等操作。下面就具体介绍如何对行和列进行操作。

1. 行、列的插入和删除

插入新的一行或列时，需要先选中一行或列确定位置。如选中第 3 行，然后单击右键，在弹出的选项中选择【插入】，即可完成操作。

Tips：插入新行时，当前行向下移动；插入新列时，当前列向右移动。

工作表中出现多余的行或者列时，可以使用删除操作。常用的删除方法有以下几种。

a. 选择所需删除的行或者列，右键单击【删除】按钮即可。

b. 选中所需删除的行或者列，找到【开始】→【单元格】→【删除】，单击

【删除】下侧下拉按钮，选择删除即可。

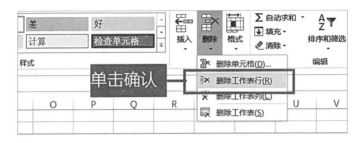

c.任意选择所需删除行或者列中的一个单元格，右键单击，选择【删除】选项卡，弹出删除对话框，选择行或者列即可。

2. 行高和列宽的调整

在利用 Excel 软件处理数据时，经常会碰见数据过长或者过多导致一个单元格无法完全显示的情况，这时就需要对行高或者列宽进行调整。

如果需要调整行高，则需要将鼠标指针移动到目标行的行号（每一行最左侧的数字）下侧，当鼠标指针变成一个上下带箭头的十字架时，按住并上下拖动鼠标即可调整行高。如下图调整第 9 行行高。

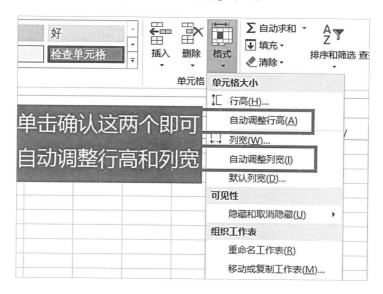

对列宽的调整和行高类似，只是鼠标指针会变成一个左右带箭头的十字架，然后左右拖动即可调整列宽。

Tips：调整多个行或列时，需同时选中这些行和列；需要调整所有的行和列时，全选然后参考上述方法调整即可。

除了手动调整以外，还有一种比较方便的设置，即自动调整行高和列宽。具体设置如下，【开始】→【格式】，单击【单元格】下拉按钮，在弹出的选项卡中选择【自动调整行高】和【自动调整列宽】即可。

3.4.5 单元格对齐方式

Excel 2016 单元格内输入的文本和数据有三种对齐方式：左对齐，右对齐及合并居中对齐。在默认的情况下，单元格内的文本是左对齐，而数字则是右对齐。

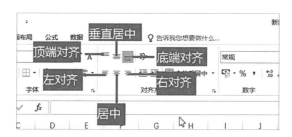

找到【开始】→【对齐方式】的选项组，Excel 表格中的对齐方式设置主要在这里完成，下面主要介绍下【对齐方式】中按钮功能。

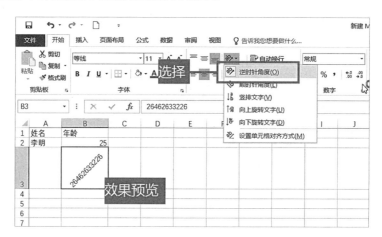

这是常用到的 6 种单元格内数据及文本对齐方式，主要有顶端对齐、垂直居中、底端对齐、左对齐、居中、右对齐等。还有一个特殊的数据方向选项卡，单击下拉键可以根据样式进行数据方向设计。

3.4.6 边框底纹设置

在 Excel 2016 中，单元格四周的灰色线在打印时是不会显示出来的，为使表格更加美观，需要对表格设置边框和底纹。

1.设置边框

设置边框是为了在打印时纸上出现表格线，更是为了数据表的美观规范。边框的设置可以在页面上方的选项卡里设置，也可以使用快捷键。

a. 使用边框选项。首先选中所需加框线的单元格区域，找到【开始】→【字体】中的【边框】选项 $\boxplus$ ▾，在下拉选项中找到【所有边框】选项，单击即可。

b. 使用快捷键。【Ctrl+1】打开【设置单元格格式】对话框，找到【边框】选项，选中添加【外边框】和【内部】即可。

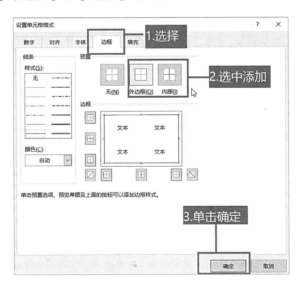

2. 设置底纹

底纹，顾名思义，就是在单元格底部添加特殊颜色使其醒目，以引起特别注意。底纹的设置同边框一样，也有与之对应的两种方式。

a. 选中所需添加底纹的单元格区域。找到【开始】→【字体】选项组里面的

填充颜色按钮 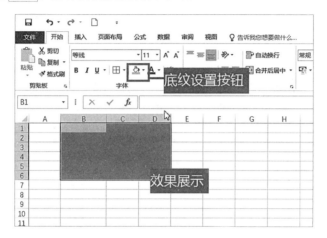，选择所需颜色确认即可。

b. 使用快捷键。【Ctrl+1】打开【设置单元格格式】对话框，点击【填充】按钮，选中所需颜色填充即可。

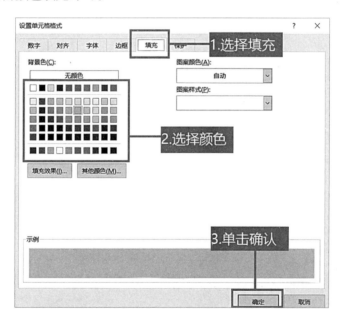

3.4.7　单元格样式设置

单元格样式包括文本样式、背景样式、数字样式和标题样式等。用户可以使用 Excel 2016 中设置好的模板，也可以自己定义。

在【开始】选项卡、【样式】选项中找到【单元格样式】选项，单击下拉键，选择一个适合的样式即可。

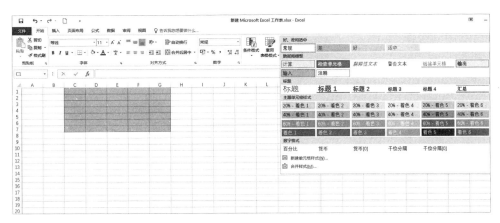

3.4.8 表格样式设置

在 Excel 2016 中，表格不是一个个单元格的机械组合，从单元格到表格不仅是数量的变化，更是质的变化。这里先简单介绍下 Excel 2016 中给出的 60 个表格样式模板，也可以自己设置表格样式，以满足自己需要。

选中所需应用表格样式的单元格区域，找到【开始】→【样式】选项中的【套用表格格式】按钮，在弹出的下拉选项中选择【浅色】选项中的第一个，在弹出的对话框中单击确定。

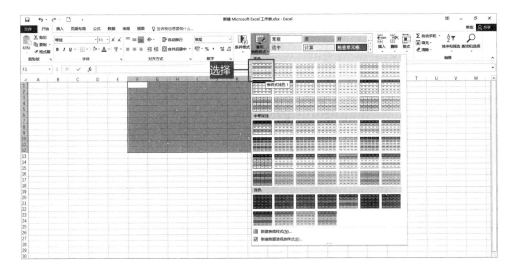

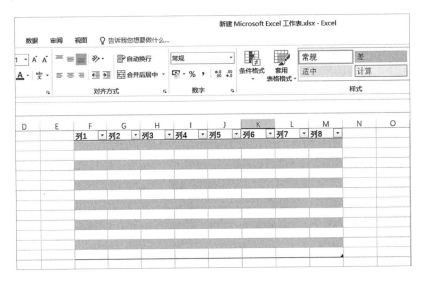

套用后效果如下所示。

如需更改样式，单击该区域的任意一个单元格，功能区就会出现一个【表格工具】→【设计】选项卡，单击【设计】，找到【表格样式】区域，选择所需更改样式即可。

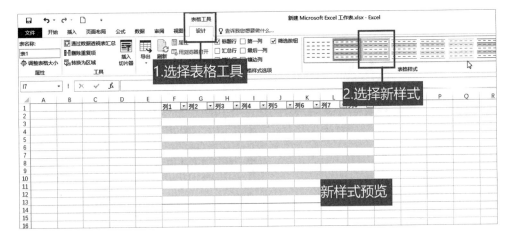

3.5　数据的输入和处理

在单元格中输入数值、文本等内容时，Excel 2016 会根据内容的不同做出不同的处理并显示出来。本节介绍有关 Excel 2016 中数据相关的内容。

3.5.1　数值的输入

Excel 中使用最多的单元格内容就是数值。在数值的输入中，不仅在单元格中显示，在编辑栏中也会显示输入的内容。输入数据完成后可以通过编辑栏确认，也可以按【Enter】键确认。确认后的数值自动默认为"右对齐"格式。

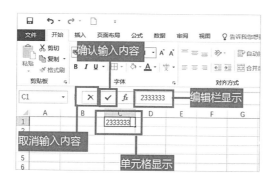

在单元格中输入的数字型的数据可以是整数、小数、分数，也可以是科学计数。数值中也可以掺杂数学符号，如负号（–）、百分号（％）、人民币（￥）、美元（＄）、指数符号（E）等等。

在 Excel 中输入数字类数据时，有以下几个需要注意的地方。

a.分数的输入。当需要输入分数时，需要在输入分数之前输入 0 和一个空格，以便于和日期相区别。如直接输入"1/4"则显示"1 月 4 日"；而输入"0 1/4"，即 0、空格和 1/4 才会显示"1/4"，代表 0.25 的数值。

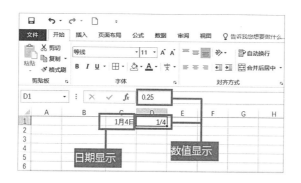

　　b. 开头为 0 的一串数字，在 Excel 2016 中将会自动忽略 0。如果想要显示出这个"0"，需要先输入英文标点"'"，再输入"0"就可以显示了。

　　c. 如果输入的数值过大，会以科学计数法的形式显示出来。如图中显示，123000000000000 会以"1.23E+14"形式显示出来。

3.5.2　文本的输入

　　如果在单元格内输入的是中文字符或者英文字符，那 Excel 2016 将会把它当作文本处理。文本输入的时候默认的对齐方式为"左对齐"，当文本中带有数值型数据时，如"100 个苹果"，Excel 2016 也会把其当作是文本型数据进行处理。

当输入的文本数据过多，在当前的单元格列宽情况下无法显示完全，那么多余字符会自动显示到空的相邻单元格；如果没有相邻的空的单元格，此时该文本会只显示部分；不过剩余的部分仍然是存在的，只是需要调整列宽才会完全显示出来。

0000011			
	1.23E+14		
100个苹果			
床前明月光，疑是地上霜		举头望明月	

在单元格中也是可以实现多行输入的，多行输入时行高会自动调整以匹配多行效果。换行时可以使用【Alt+Enter】组合键来实现。

		0000011		
		1.23E+14		
	100个苹果			
	床前明月光，疑是地上霜，举头望明月			

3.5.3　日期和时间的输入

在 Excel 2016 中日期和时间的输入，需要用特定的格式。在 Excel 中内置了一些时间日期的格式，当输入的数据内容与这些格式匹配时，Excel 就会自动将其当作是日期和时间数据进行处理。

a.输入时间。

输入时间的过程中，需要使用冒号"："来辅助，作为时、分、秒之间的分隔符，时间分为 12 小时格式和 24 小时格式；当是 12 小时格式时要用空格加上 am 或者 pm 来区分上午和下午，如下午 5 点在 12 小时格式时需要输入"5：00 pm"，在 24 小时格式下只需输入"17：00"即可。输入完毕后按【Enter】

确认即可。

	床前明月光，疑是地上霜，举头望明月	
	5:00 PM	
	17:00	

Tips：输入当前时间也可以使用快捷键【Ctrl+Shift+ ；】。

b. 输入日期。

输入日期和时间一样，中间也要加入分隔符，日期的分隔符是左斜线"/"或者短线"–"。所以日期的显示方式有两种："2016/11/4"或者"2016–11–4"。

	床前明月光，疑是地上霜，举头望明月	
	5:00 PM	
	17:00	
	2016/11/4	

Tips：当前日期的输入快捷键是【Ctrl+ ；】组合。

日期和时间的默认对齐方式是"右对齐"，如果你要输入时间日期，却发现不是右对齐，那么此时就要检查时间日期的格式是否正确了。

3.5.4 货币类型数据的输入

如果想要在工作表的单元格明确的显示该数字表达的是"货币"的话，可以在数字前面加上货币符号，如￥或者＄等。出现货币符号的快捷键是【Shift+4】，等到货币符号出现后再输入数字即可。

	床前明月光，疑是地上霜，举头望明月	
	5:00 PM	
	17:00	
	2016/11/4	
￥10000		

Tips：【Shift+4】中的 4 指的是键盘上方的数字 4，而非小键盘上的 4。在英文输入状态下按快捷键后显示 $，在中文输入状态下显示 ¥。

3.5.5　数据的快速输入

当输入的数据有规律时，比如 1、2、3……可以使用 Excel 内置的自动填充功能快速输入。

a. 有规律的输入。

先要输入至少两个单元格的数据，将规律显示出来，然后鼠标拖曳光标所在单元格的右下角的填充柄至最后一个单元格。当鼠标放到填充柄上时，鼠标会变成一个黑色十字，然后拖曳即可。

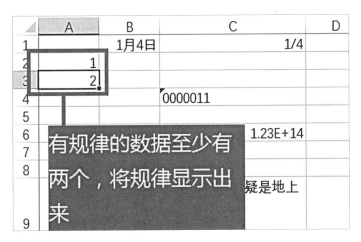

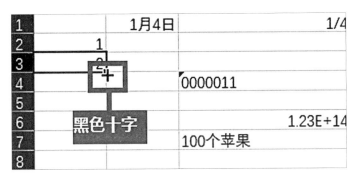

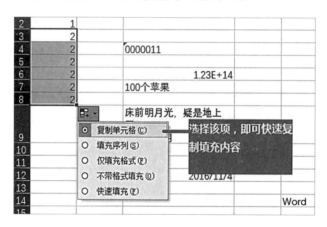

b. 复制输入。

步骤同上，只是在最后一步选择复制单元格即可。

3.6　图表入门

图表是 Excel 的核心内容之一，也可以看作是 Excel 的灵魂。本节就着重讲一下关于图表的基本知识。

3.6.1　图表的创建

Excel 2016 中的图表有两种：工作表图表和嵌入式图表。常用的就是嵌入式图表，它与构成该图表的数据在一个工作表内；而工作表图表就是特殊的工作表，只有单独的图表，不包括数据在内。这里以常见的嵌入式图表为例，介绍一下基本的图表创建过程。

1.首先选中构成该图表的数据。如下图中小学一年级到六年级男女平均身高（厘米）统计图。

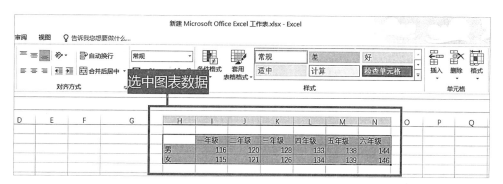

2.在插入选项卡下找到【图表】选项卡，单击第一个类型【柱形图】按钮，在弹出的下拉菜单中选择第一个类型确认。

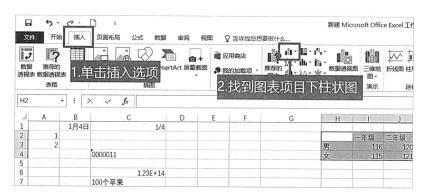

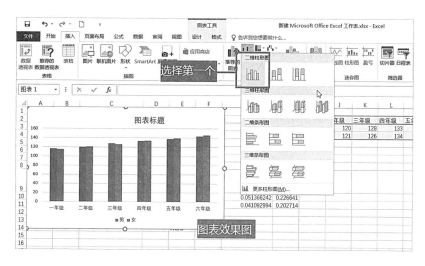

3.完成上述连个步骤后即可生成一个完整的图表。

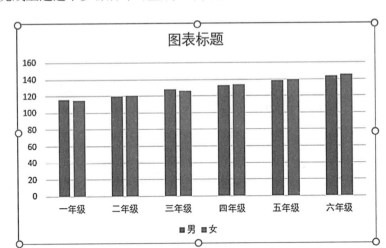

Tips：【Alt+F1】组合键可以打开创建嵌入式图表，【Shift+F11】可以创建工作表。

3.6.2 图表的编辑

图表在创建之后也不是一成不变的，如果有不满意的地方可以进行编辑和修改。

a. 修改图表类型

当创建完图表后，感觉该图表不能最佳的表达想要的效果时，可以更改图表类型，如把柱形图改成折线图，或者都是柱形图，选择不同的表现方式。

单击图表选中，然后选【图标设计】选项卡，单击【设计】，在【类型】组中单击【更改图表类型】按钮。

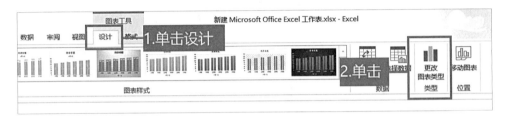

在弹出的对话框中选择一个类型，如柱形图中的最后一个，单击确定。

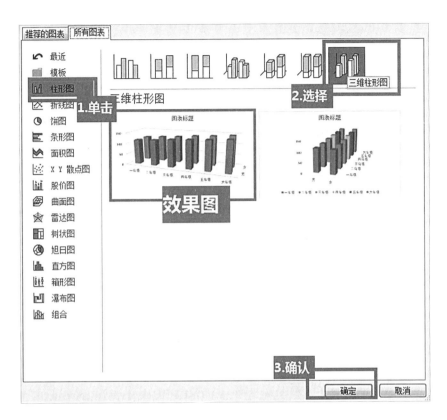

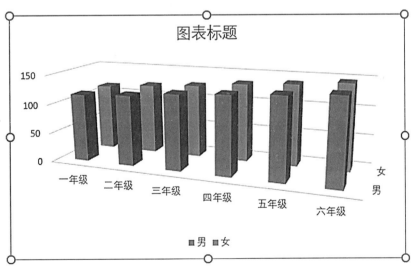

b. 完善图表信息

初始创建好的图表中没有的图表标题以及原始数据，在编辑图表信息时都可以加上。

如上图，单击"图表标题"可以输入标题信息，将其更改为"小学 1–6 年级男女学生平均身高图"。

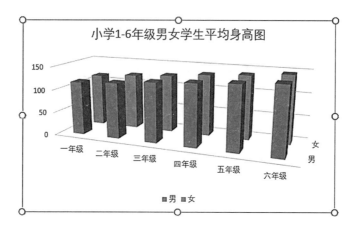

若图表中没有每个柱形图的具体数值，此时也可以加上，以及构成该图表的原始数据也可以附在图表下面。

单击【设计】→【图表布局】→【添加图表元素】按钮，在弹出的下拉菜单中选择【数据表】中的【显示图例项标示】和【数据标签】中的【数据标注】。

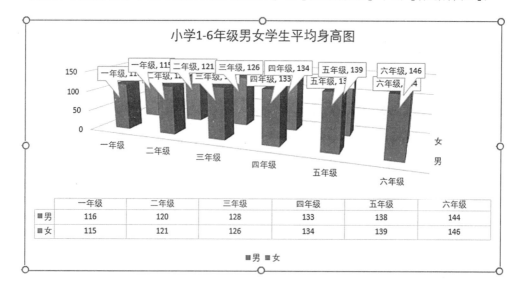

	一年级	二年级	三年级	四年级	五年级	六年级
■男	116	120	128	133	138	144
■女	115	121	126	134	139	146

3.6.3　巧用迷你图

迷你图，顾名思义是一种小型图表，小到可以把它放到一个单元格内。迷你图的最大特点就是非常简洁直观地表现出数据的变化趋势，或者对极值进行突出显示。迷你图的创建步骤如下。

首先，选中想要插入迷你图的单元格，如一行数据的最后。然后单击【插入】选项卡，在【迷你图】选项组中选择第一个折线图类型。之后会弹出【创建迷你图】的对话框，用鼠标选中迷你图的原始数据，单击确定即可。

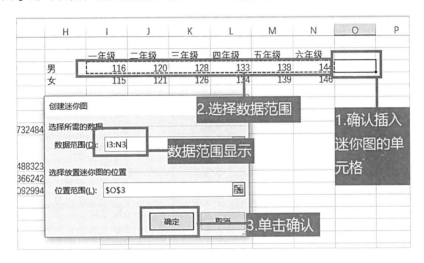

生成效果图如下所示。

	一年级	二年级	三年级	四年级	五年级	六年级	
男	116	120	128	133	138	144	
女	115	121	126	134	139	146	

迷你图创建后，也可以进行修改。单击【迷你图工具】→【设计】，选择【样式】选项卡，可以更改迷你图和数据标记的颜色。

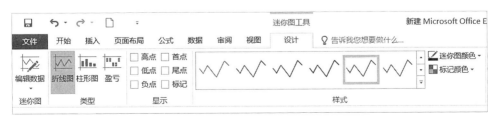

3.7 牛刀小试——制作班级成绩表

图表是会说话的数据，作为老师，在考试后能通过学生的成绩来看出一些问题，可以更加全面地掌握班级里面学生的整体状况，从而为学生们设计学习计划提供准确的支持。

第一步：整理学生成绩单

这里只输入了部分学生的部分成绩作为举例。

	A	B	C	D	E
	姓名	语文	数学	英语	
2	李明	95	88	64	
3	张婷	76	96	88	
4	许芳芳	88	86	82	
5	陈少华	83	92	64	
6	丁伟	62	95	59	
7	李华	81	76	42	
8	孙成胜	90	75	35	
9	郭佳伟	64	69	76	
10	段成功	68	88	88	
11	王微	84	86	81	
12	李青	67	87	76	

然后，选中所有数据，依次单击【插入】→【图表】，选择折线图，之后调整图表大小适合页面即可。

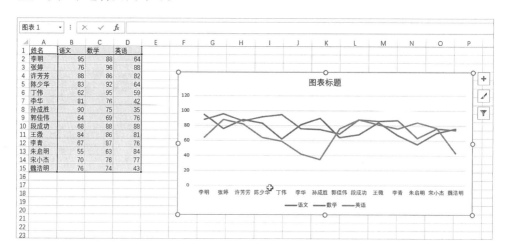

第二步：添加图表元素

添加图表元素是为了更加直观明确的显示数据内容，同时使图表内容更加丰富。

输入标题"××班考试成绩表"，添加数据标签，并显示数据表。具体步骤如下。

首先，单击"图表标题"输入"××班考试成绩表"；依次单击【图表工具】→【设计】→【图表布局】中的【添加图表元素】按钮，并在下拉菜单中选择【数据标签】→【居中】选项；之后同样在【添加图表元素】下拉菜单中选择【数据表】、【显示图例项标示】和【线条】,【垂直线】。效果图如下。

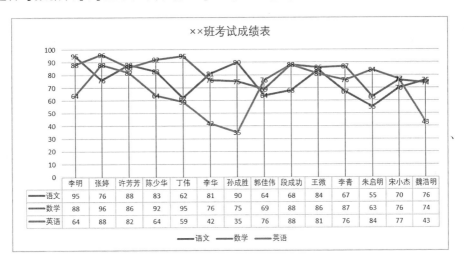

这样，一份简单的学生成绩图表就生成了，从图表中可以清楚地找到每一个学生的成绩数据，并且可以看出其是否偏科，从整体折线图可以看出每一科学生成绩的变化情况等。

📝 高手秘籍

Office 记录的删除。

在 Office 软件中，如 Word、Excel 等，会自动保存最近打开的文档记录，如果不想让别人看到这些记录的话，可以将这些信息进行删除。以 Excel 2016 为例，具体步骤如下。

依次单击【文件】→【打开】，找到右侧【最近】选项卡下的内容，会显示最近打开的工作簿文件。右键单击要删除的文件，在弹出的对话框中，找到【从列表删除】选项，单击即可删除该信息。

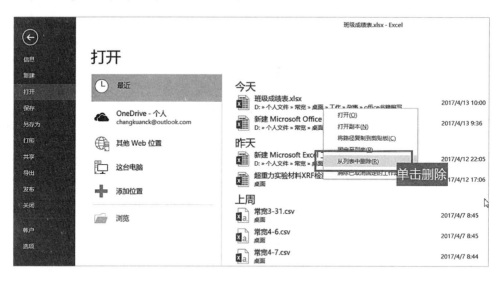

第四章
Excel 2016 高级知识——公式与函数

本章内容简介

    Excel 2016 不仅可以制作美观实用的图表，其另外一个核心就是计算功能。Excel 中的公式和函数能够极大地提高数据的分析、运算效率。在本章中，主要介绍 Excel 2016 中公式和函数的使用方法，并通过详细的案例来讲解这些功能的使用方法。

内容预览

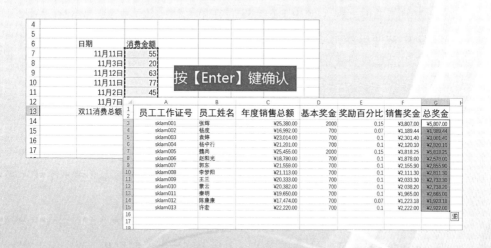

4.1　初识公式和函数

熟练掌握 Excel 中的公式和函数后，你就会发现数据的分析和处理一切尽在掌握。

4.1.1　什么是公式

公式就是一个等式，是一个运算，是一个由单元格内数据和运算符（加减乘除等）组成的运算法则。公式必须以"="开始，之后紧接数据和运算符。

首先选中结果单元格（例中 E2），然后在单元格中输入公式"=B2+C2+D2"，按【Enter】确认即可显示结果。该公式表示对"B2、C2、D2"三个单元格内的数据进行求和运算。公式中的数据可以是常数、单元格引用、单元格名称或者工作表函数等等。

4.1.2　什么是函数

函数其实就是特殊的公式，是在 Excel 中预先设定好的特殊公式。函数的运算法则是使用一些特定数值按特定规则进行计算。应用函数首先要熟悉【插入函数】功能。打开【插入函数】对话框有以下几种方法。

a. 单击编辑栏中的【插入函数】按钮 fx。

b. 依次单击【公式】→【函数库】→【插入函数】按钮打开。

c. 使用快捷键组合【Shift+F3】。

Excel 中的函数由三部分组成，标识符、函数名、函数参数。

	A	B	C	D	E	F
1	姓名	语文	数学	英语	总分	
2	李明	95	88	64	247	
3	张婷	76	96	88	260	
4	许芳芳	88	86	82		
5	陈少华	83	92	64		
6	丁伟	62	95	59		
7	李华	81	76	42		

a. 标识符。不论是在单元格中或者编辑栏内，想要使用函数时必须先输入"="，这里的"="就是所谓的标识符。如果没有这个标识符的话，Excel 就会把输入的内容当作普通文本进行处理，此时不会产生任何运算结果。

b. 函数名。紧跟着"="后面的英文单词缩写"SUM（即求和运算）"即是该函数的函数名。大多数函数名是对应的英文单词的缩写，也有一些是多个单词或者缩写的组合，如"SUMIF"就是"SUM"和"IF"的组合。

c. 函数参数。函数名后面紧跟着的括号√里面的内容，图中"B3：D3"，即是函数参数，也就是参与函数"SUM"的数据。函数参数主要有以下几种类型。

√常数

常数又称常量参数，指具体数值如"78"、文本如"语文"及时间日期如

2013/11/11 等等。

√**逻辑值**

逻辑值主要包括真、假及逻辑判断表达式的结果，如"FALSE"等等。

√**数组**

函数参数可以是一组常量，也可以是单元格区域的引用。

√**名称参数**

在工作簿中自定义的工作表名称即可当作是函数参数加以引用。

√**单元格参数**

单个单元格和单元格区域如"B3：D3"都可以当作函数参数参加函数运算。

4.1.3 函数的分类

Excel 函数共有 11 个大类，分别是数据库函数、日期与时间函数、工程函数、信息函数、财务函数、逻辑函数、数学和三角函数、统计函数、文本函数、查询和引用函数及用户的自定义函数等。每种函数的主要应用如下表所示。

函数名称	函数主要应用
数据库函数	分析数据清单数值是否符合特定条件
日期和时间函数	分析和处理日期和时间值
工程函数	工程分析
信息函数	确定存储在单元格中数据的类型
财务函数	进行一般的财务计算
逻辑函数	进行真假值判断或者符合检验
数学和三角函数	处理简单计算
统计函数	用于对数据区域进行统计计算
文本函数	处理文字串
查询和引用函数	查找特定数值或者某一个单元格的引用
用户自定义函数	工作表函数无法满足需要时，用户可以自定义函数

4.2 输入编辑公式

和前面章节所说的一样，公式都是要以"="开头，提示 Excel 2016 要输入的是公式而不是文本。本节就主要讲解单元格中公式的输入和编辑内容。

4.2.1 如何输入及编辑公式

公式的输入方法有两种：手动和鼠标单击。手动输入是利用键盘上的按键进行精确地输入，鼠标单击是主要利用鼠标并辅之以键盘上的运算符输入。

a. 手动输入。选定单元格，输入"=1+2"，此时在单元格和编辑栏会同时显示该输入的内容，然后单击【Enter】确认键，在选定的单元格内会变成运算结果"3"，而编辑栏内则不变。

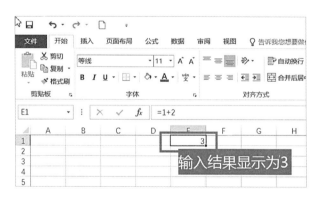

b. 鼠标单击输入

鼠标单击输入比较简单，更多的是应用到以单元格地址为单位的运算，如"C1=B1+A1"的公式，可以不用输入"B1、A1"等内容而改用鼠标单击的方式也可以完成运算。

首先要在 A1 和 B1 的单元格中输入内容，如 A1 中输入 1，B1 中输入 2，然后选择 C1 单元格，手动输入"="，再依次单击 A1，输入"+"号，单击 B1，最后按【Enter】键确认即可。在单击 A1 和 B1 时，A1 和 B1 也同时会出现在 C1 的单元格内。

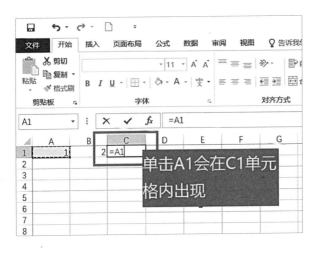

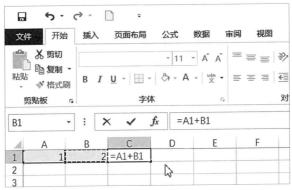

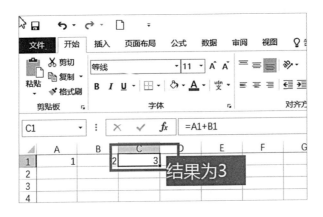

如果发现自己公式输入错误，比如把乘法错误输入成了加法，此时可以直接修改而无需再重新编辑。输入完公式的单元格内不再显示公式，此时更改需要在编辑栏内更改。

单击输入公式的单元格，在编辑栏内会同时显示出该单元格的公式，将"+"删除修改为"*"，按【Enter】键确认。

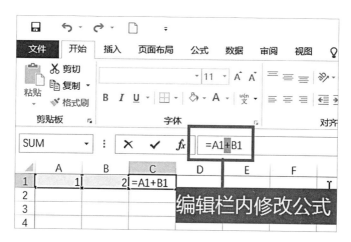

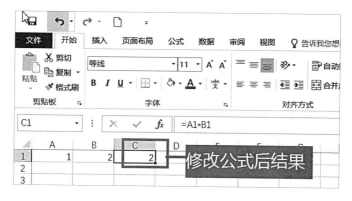

4.2.2 公式计算符

公式不仅可以进行数值运算，也可以处理字符。下面以逻辑运算为例。

如下图中，在 A1、B1、C1 三个单元格中分别输入"我爱"、"我的"、"祖国"，在第四个单元格 D1 中输入"=A1&B1&C1"。按【Enter】键确认，则在 D1 单元格中会显示"我爱我的祖国"，这就是上述公式"=A1&B1&C1"的运算结果。

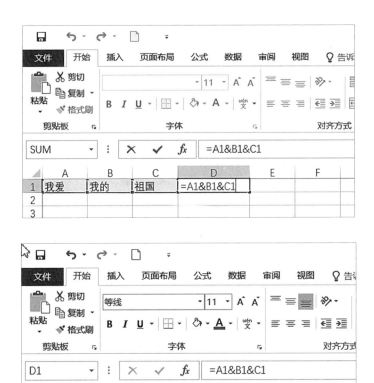

4.3 函数

在 4.1 章节中已经提到过，Excel 中的函数就是已经编写好的公式，而且大部分的函数是经常使用的公式的简写形式。大多数情况下函数的结果是数值形式的计算结果，但是也可以是文本、逻辑值或者数组等等。

本章简要介绍如何使用及编辑函数，主要对常用到的函数如财务函数、数学和三角函数等做简单的讲解，使读者对函数的使用有一个初步的了解和掌握。

4.3.1 输入和编辑函数

函数其实就是公式，所以手动输入和前面介绍的公式输入完全相同，这里不再赘述。本节主要介绍如何在 Excel 中使用导入及编辑函数。

在 Excel 2016 空白文档中 A1、B1 两个单元格中分别输入 20、40 两个数值，然后选择 C1 单元格。

依次单击【公式】→【插入函数】，选择"AVERAGE"函数，即求平均函数。

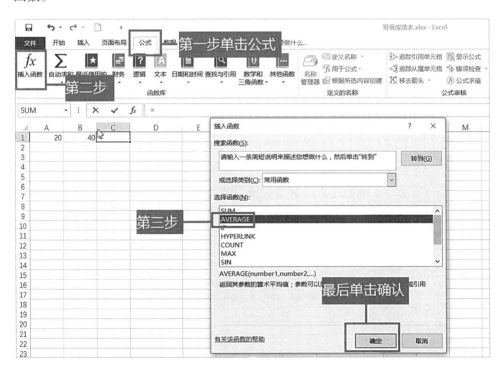

之后会弹出函数参数对话框，在"Number 1"中选择函数参数 A1 和 B1，单击确认。单元格 A1 和 B1 的平均值即可求出，并显示在 C1 单元格中。

当需要对函数表达式进行编辑时，首先要选中函数所在单元格，然后按照普通的文本编辑即可，删除错误的并输入正确的内容。如果函数的参数有错误，则重新打开【插入函数】→【函数参数】对话框重新选择函数参数即可。

4.3.2　函数库常用函数

在【公式】→【函数库】中有【财务】、【文本】等7类函数，本节对这几类函数的使用进行初步介绍。

1. 财务函数

财务函数主要做常用的财务计算，如贷款时确认每月支付金额、投资的未来值或净现值，及债券、息票价值。财务函数可以使工作时间大大缩短，提高工作效率。接下来以 ACCRINT 函数为例讲解财务函数的使用。

ACCRINT 函数返回定期付息有价证券的应计利息。该函数的语法为：RATE(is, fs, s, r, p, f, b)。参数简介如下。

is：有价证券的发行日。

fs：有价证券的起息日。

s：有价证券的成交日，即在发行日之后，有价证券卖给购买者的日期。

r：有价证券的年息票利率。

p：有价证券的票面价值，如果省略 p，函数 ACCRINT 就会自动将 p 设置为 ¥1000。

f：年付息次数。

b：日计数基准类型，0 或省略 US (NASD) 30/360

1 实际天数 / 实际天数

2 实际天数 /360

3 实际天数 /365

4 欧洲 30/360

例如，某证券券的交易情况为：发行日为 2015 年 1 月 31 日；起息日为 2015 年 7 月 31 日；成交日为 2015 年 5 月 1 日，息票利率为 9.0%；票面价值为 ¥5000；按半年期付息；日计数基准为 30/360，那么应计利息为：

=ACCRINT("2015/1/31","2015/7/31","2015/5/1",0.09,5000,2,0) 计算结果为：113.75。

	A	B	C	D	E	F	G	H
								H2 =ACCRINT(A2,B2,C2,D2,E2,F2,G2)
1	发行日	起息日	成交日	年息票利率	票面价值	付息次数	日计数基准	应计利息
2	2015/1/31	2015/7/31	2015/5/1	9.00%	5000.00	2.00	0	113.75
3								
4								

2. 逻辑函数

逻辑函数是依据条件进行处理的函数，条件不同处理结果也就不同。在运算时使用比较运算符并用逻辑值表示结果。本节以 IF 函数为例，进行演示。

在考试时，如果学生的成绩大于 60 分则通过该门考试无需重修，如果成绩小于 60 分则未通过，需要重修。

IF 函数的语法表示为：IF(logical_test, value_if_true, value_if_false)。参数简介如下。

logical_test：逻辑判决的表达式。

value_if_true：该语法表示当判决条件是逻辑"真"即 TRUE 时，则显示该处给定的内容。如果忽略显示内容，则会返回"TRUE"。

value_if_false：该语法表示当判决条件是逻辑"假"即 FALSE 时，则显示该处给定的内容。如果忽略显示内容，则会返回"FALSE"。

在 C2 单元格中输入"=IF(B2>=60," 否 "," 是 ")"，按【Enter】键即可确定该生该门课是否需要重修。

接着，使用填充功能，填充剩下的相应单元格，确定其他同学是否需要重修。

3. 文本函数

文本函数是主要处理文字串的函数，可以用于查找、提取文本中的字符，返回字符串中的字符数，转换文本的类型如英文大小写的转换等。本节以 LOWER 函数进行演示。

LEN(text) 返回一个字母文本字符串的小写内容。语法为：LOWER(text)。参数简介如下。

text：表示目标文本，返回其小写形式。

在 B1 单元格中输入"=LOWER(A1)"，按【Enter】键确认，即可返回 A1 单元格中的大写英文字母的小写形式"excel"。

4. 日期和时间函数

日期和时间函数主要用于获取并输入相关的日期和时间的信息，函数比较简单，但是却很实用，可以方便地获取有关日期和时间的信息。本节以获取当前的日期和时间函数为例。

选中某个单元格，输入"=TODAY()"，按【Enter】键确认即可返回当天的日期"2017/4/18"；输入"=NOW()"，按【Enter】键确认即可返回当时的日期和时间"2017/4/18 13:12"。

5. 查找和引用函数

当工作表中的数据很多时，如果要查找某一个数据的话就会显得非常困难，这时候就可以使用 Excel 提供的查找和引用函数功能，它可以在单元格区域查找或者引用满足条件的数据。本节利用 CHOOSE 函数和 SUM 函数结合使用进行演示。

CHOOSE 函数的基本语法：CHOOSE(index_num, value1, [value2], ...)，参数简介如下。

index_num：为必需的，用于指定所选定的数值参数。

value1, value2, ...：其中 Value1 是必需的，后续值是可选的。参数可以是数字、单元格引用、定义的名称、公式、函数或文本。对于 CHOOSE 函数，如果 index_num 为 1，则 CHOOSE 返回 value1；如果为 2，则 CHOOSE 返回 value2，以此类推。

CHOOSE 函数与求和函数 SUM 结合可以方便对区域数据进行求和。

在单元格中输入"=SUM(CHOOSE(1,D9:F11))"，按【Enter】键则可以方便地求出该区域的和为 39。

G11		▼	⋮	✕	✓	*fx*	=SUM(CHOOSE(1,D9:F11))	
◢	A	B	C	D	E	F	G	H
7								
8								
9				5	5	6		
10				1	4	4		
11				5	2	7	39	
12								

6. 数学和三角函数

顾名思义，数学和三角函数就是用来进行数学运算的函数。本节以 SUMIF 函数为例进行演示。SUMIF 函数是对区域中制定条件的值进行求和的函数，可以用来对指定类型的花费进行快速的求和。

SUMIF 函数的基本语法为 SUMIF(range，criteria，sum_range)，参数简介如下。

range：表示条件范围。范围内的单元格中必须是数字或名称、数组及包含数字的引用，文本值和空的单元格将被忽略。

criteria：表示条件，即可以参加求和运算单元格的条件。

sum_range：是可选项，表示求和范围。也即是实际的求和范围。可以省略。

在单元格中输入"=SUMIF(B7:B12,"11 月 11 日 ",C7:C12)"，可以方便地求出"11 月 11 日"所消费的总额。

7. 其他函数

前面几个主要是 Excel 中的常用函数，最后再介绍下一些其他的常用函数。为了避免赘述，这里不再举例，仅说明函数的主要用途。

a. 统计函数

统计函数主要是从复杂的数据中筛选出有效数据，常用的有【COUNTA】函数、【AVERAGE】函数及【ACERAGEA】函数等。【COUNTA】函数可以用于统计所选区域中不为空的单元格的个数，比如可以统计缺勤的总人数等；【AVERAGE】函数可以返回参数的算数平均值，【ACERAGEA】函数则是返回所有参数的算数平均值。

b. 工程函数

工程函数也是一种数学函数，可以解决工程上常见的一些数学问题。常用的工程函数有【DEC2BIN】和【BIN2DEC】，前者是将十进制数转化为二进制数，后者功能与前者相反。

　　c. 信息函数

信息函数可以返回单元格或者单元格区域的内容、格式、地址等信息。常用的信息函数有【CELL】和【COUNTBLACK】等，【CELL】函数可以返回单元格的内容、地址或内容等信息，【COUNTBLACK】函数则可以返回制定单元格区域中的空白单元格的个数。

多维数据集函数、兼容性函数及 web 函数比较生僻，这里不再做介绍。

4.4　牛刀小试——制作年终奖发放表

年终奖发放表是单位或公司根据每位员工在本年度的工作表现进行奖励的表格。奖金的多少主要来自员工相应的表现，以销售员为例，每个销售员的销售额越大，则给予的奖励越多。

第一步：汇总每个员工本年度的表现。

这里为了方便，年度表现以季度进行统计。

员工工作证号	员工姓名	年度销售总额	各季度销售额			
			第一季度	第二季度	第三季度	第四季度
sklam001	张辉		¥5,680.00	¥7,700.00	¥8,500.00	¥3,500.00
sklam002	杨度		¥5,713.00	¥1,956.00	¥4,523.00	¥4,800.00
sklam003	袁婷		¥8,862.00	¥4,452.00	¥2,300.00	¥7,400.00
sklam004	杨中行		¥4,569.00	¥2,632.00	¥5,500.00	¥8,500.00
sklam005	魏尚		¥7,712.00	¥8,600.00	¥5,523.00	¥3,620.00
sklam006	赵阳光		¥1,860.00	¥3,220.00	¥4,200.00	¥9,500.00
sklam007	郭东		¥7,500.00	¥2,586.00	¥6,581.00	¥4,892.00
sklam008	李梦阳		¥5,320.00	¥4,623.00	¥2,650.00	¥8,520.00
sklam009	王兰		¥6,530.00	¥2,103.00	¥5,200.00	¥6,500.00
sklam010	蒙云		¥2,536.00	¥5,200.00	¥5,236.00	¥7,410.00
sklam011	秦明		¥4,520.00	¥4,230.00	¥4,400.00	¥6,500.00

第二步：使用【SUM】函数计算每个员工的年度销售总额。

单击表格 C3，输入公式"=SUM(D3:G3)"，按【Enter】键确认，即可自动计算出该员工的年度销售额总额。

| C3 | | ▼ | : | × | ✓ | fx | =SUM(D3:G3) | **在C3中输入该公式** | | |

	A	B	C	D	E	F	G	H
1	员工工作证号	员工姓名	年度销售总额	**各季度销售额**				
2				第一季度	第二季度	第三季度	第四季度	
3	sklam001	张辉	¥25,380.00	¥5,680.00	¥7,700.00	¥8,500.00	¥3,500.00	
4	sklam002	杨度		¥5,713.00	¥1,956.00	¥4,523.00	¥4,800.00	
5	sklam003	袁婷		¥8,862.00	¥4,452.00	¥2,300.00	¥7,400.00	
6	sklam004	杨中行		¥4,569.00	¥2,632.00	¥5,500.00	¥8,500.00	

接着，使用快速填充功能，计算其余员工的年度销售额总额。

| H18 | | ▼ | : | × | ✓ | fx | |

	A	B	C
1	员工工作证号	员工姓名	年度销售总额
2			
3	sklam001	张辉	¥25,380.00
4	sklam002	杨度	¥16,992.00
5	sklam003	袁婷	¥23,014.00
6	sklam004	杨中行	¥21,201.00
7	sklam005	魏尚	¥25,455.00
8	sklam006	赵阳光	¥18,780.00
9	sklam007	郭东	¥21,559.00
10	sklam008	李梦阳	¥21,113.00
11	sklam009	王兰	¥20,333.00
12	sklam010	蒙云	¥20,382.00
13	sklam011	秦明	¥19,650.00
14	sklam012	陈康康	¥17,474.00
15	sklam013	许宏	¥22,220.00
16			

第三步：使用【VLOOKUP】函数将员工的年度销售总额显示在奖金汇总表工作表中。

在"奖金汇总表"工作表的 C3 单元格内输入公式"=VLOOKUP(A3,业绩表!$A$3:$C$15,3)"，按【Enter】键确认，即可将"业绩表"中对应员工的销售总额导入到"奖金汇总表"中。

| C3 | | ▼ | : | × | ✓ | fx | =VLOOKUP(A3,业绩表!A3:C15,3) | |

	A	B	C	D	E
1	**在C3中输入该公式**				
2	员工工作证号	员工姓名	年度销售总额	基本奖金	奖励百
3	sklam001	张辉	¥25,380.00		
4	sklam002	杨度			
5	sklam003	袁婷			
6	sklam004	杨中行			
7	sklam005	魏尚			
8	sklam006	赵阳光			

接着，利用自动填充功能可以将其余员工的年度销售总额在"奖金汇总表"中显示出来。

Tips： 公式"=VLOOKUP(A3, 业绩表 !\$A\$3:\$C\$15,3)"的代表含义是：在"业绩表"工作表中 A3：C15 区域的首列查找与 A3（员工工作证号）精确匹配的值所在的行，并显示该列第 3 行的值。其中 \$ 也可以省略。

第四步：计算基本奖金。

年终奖的奖金分为两部分：基本奖金和销售奖金。销售额在 0~25000 元之间的一次性给予 700 元奖励，销售额在 25000 元以上的一次性给予 2000 元的奖励。销售奖金和销售的具体额有关，年终销售额在 0~5000 元之间的，没有奖励；年终销售额在 5001~12000 元之间的，给予销售额 5% 的奖励；年终销售额在 12001~18000 元之间的，给予销售额 7% 的奖励；年终销售额在 18001~25000 元之间的，给予销售额 10% 的奖励；年终销售额在 25000 元以上的，给予销售额 15% 的奖励。

在"奖金工作表"中 D3 单元格内输入公式"=IF(C3>25000,2000,700)"，按【Enter】键确认，即可计算出该员工的基本奖金。

接着，使用自动填充功能计算其余员工的基本奖金。

	A	B	C	D	
1 2	员工工作证号	员工姓名	年度销售总额	基本奖金	奖
3	sklam001	张辉	¥25,380.00	2000	
4	sklam002	杨度	¥16,992.00	700	
5	sklam003	袁婷	¥23,014.00	700	
6	sklam004	杨中行	¥21,201.00	700	
7	sklam005	魏尚	¥25,455.00	2000	
8	sklam006	赵阳光	¥18,780.00	700	
9	sklam007	郭东	¥21,559.00	700	
10	sklam008	李梦阳	¥21,113.00	700	
11	sklam009	王兰	¥20,333.00	700	
12	sklam010	蒙云	¥20,382.00	700	
13	sklam011	秦明	¥19,650.00	700	
14	sklam012	陈康康	¥17,474.00	700	
15	sklam013	许宏	¥22,220.00	700	
16					

第五步：计算销售奖金。

在"奖金工作表"中 E3 单元格内输入公式"=HLOOKUP(C3, 奖励标准 !$B$3:$F$4,2)"，按【Enter】键即可确认该员工的销售奖金奖励比例。

接着，使用填充功能确认其他员工的奖励百分比即可。

最后，计算销售奖金。在"奖金工作表"中 F3 单元格内输入公式"=C3*E3"，按【Enter】键即可确认该员工的销售奖金。接着利用填充功能计算其余员工的销售奖金。

	A	B	C	D	E	F
1, 2	员工工作证号	员工姓名	年度销售总额	基本奖金	奖励百分比	销售奖金
3	sklam001	张辉	¥25,380.00	2000	0.15	¥3,807.00
4	sklam002	杨度	¥16,992.00	700	0.07	¥1,189.44
5	sklam003	袁婷	¥23,014.00	700	0.1	¥2,301.40
6	sklam004	杨中行	¥21,201.00	700	0.1	¥2,120.10
7	sklam005	魏尚	¥25,455.00	2000	0.15	¥3,818.25
8	sklam006	赵阳光	¥18,780.00	700	0.1	¥1,878.00
9	sklam007	郭东	¥21,559.00	700	0.1	¥2,155.90
10	sklam008	李梦阳	¥21,113.00	700	0.1	¥2,111.30
11	sklam009	王兰	¥20,333.00	700	0.1	¥2,033.30
12	sklam010	蒙云	¥20,382.00	700	0.1	¥2,038.20
13	sklam011	秦明	¥19,650.00	700	0.1	¥1,965.00
14	sklam012	陈康康	¥17,474.00	700	0.07	¥1,223.18
15	sklam013	许宏	¥22,220.00	700	0.1	¥2,222.00

第六步：计算总奖金。

在"奖金工作表"中 G3 单元格内输入公式"=D3+F3"，按【Enter】键确认，并利用填充功能计算所有人的总奖金。

	A	B	C	D	E	F	G
1, 2	员工工作证号	员工姓名	年度销售总额	基本奖金	奖励百分比	销售奖金	总奖金
3	sklam001	张辉	¥25,380.00	2000	0.15	¥3,807.00	¥5,807.00
4	sklam002	杨度	¥16,992.00	700	0.07	¥1,189.44	¥1,889.44
5	sklam003	袁婷	¥23,014.00	700	0.1	¥2,301.40	¥3,001.40
6	sklam004	杨中行	¥21,201.00	700	0.1	¥2,120.10	¥2,820.10
7	sklam005	魏尚	¥25,455.00	2000	0.15	¥3,818.25	¥5,818.25
8	sklam006	赵阳光	¥18,780.00	700	0.1	¥1,878.00	¥2,578.00
9	sklam007	郭东	¥21,559.00	700	0.1	¥2,155.90	¥2,855.90
10	sklam008	李梦阳	¥21,113.00	700	0.1	¥2,111.30	¥2,811.30
11	sklam009	王兰	¥20,333.00	700	0.1	¥2,033.30	¥2,733.30
12	sklam010	蒙云	¥20,382.00	700	0.1	¥2,038.20	¥2,738.20
13	sklam011	秦明	¥19,650.00	700	0.1	¥1,965.00	¥2,665.00
14	sklam012	陈康康	¥17,474.00	700	0.07	¥1,223.18	¥1,923.18
15	sklam013	许宏	¥22,220.00	700	0.1	¥2,222.00	¥2,922.00

此时，年终奖金发放表已制作完毕，保存文件即可。

✍ **高手秘籍**

在 Excel 2016 中即使不使用功能区的选项也可以进行单元格的计算，而且比较快速。这里介绍两种方法：自动显示计算结果和自动求和功能。

1. 快速计算

选择一个单元格区域，在自定义状态栏上右键单击，选择【求和】→【平均值】→【最大值】→【最小值】等，这些信息就会显示在页面最下面的那一栏。

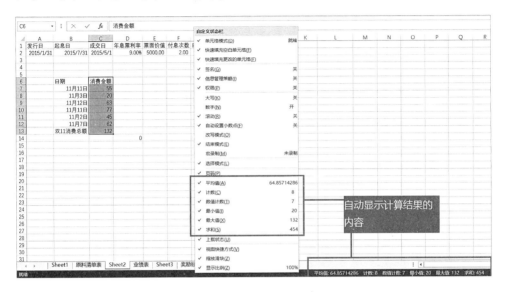

Tips： 自定义状态栏就是在工作表名称"Sheet 1"下面的那一栏，选择一个单元格区域后，一些快速计算的数据就会显示在其中。

2. 自动求和

自动求和按钮是一个特定的按钮，在【开始】选项卡的【编辑】选项组中。

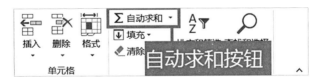

使用自动求和时，先选中需要放置求和结果的单元格，然后单击【自动求和】下拉菜单，选中【求和】按钮，这时在 Excel 表格中会出现闪烁虚线选中的区域，该区域是系统自动选中的需要求和的单元格区域，若是和操作者需要的一致则可以单击【Enter】键确认，若不是，则可以直接用鼠标进行选择所需区域即可。

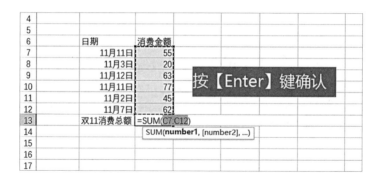

Tips：【自动求和】按钮也可以自动求出多组数据中的每组的总和。

第五章
Excel 2016 数据专业处理

本章内容简介

  在 Excel 2016 中，除了重要的函数功能外，它还具有很专业的数据分析能力。排序功能、筛选功能、数据的有效性设置功能及条件格式功能等，都可以帮助用户进行大量数据的高效处理。

内容预览

	A	B	C	D	E	F	G	H	I
1	班级	姓名	语文	数学	英语	总分		总分	
2	二班	张婷	76	96	88	260		>230	
3	二班	许芳芳	88	86	82	256			
4	一班	王微	84	86	81	251			
5	一班	段成功	68	88	91	247			
6	一班	李明	95	88	64	247			
7	一班	陈少华	83	92					
8	四班	李青	67	87					
9	二班	宋小杰	70	76					
10	二班	丁伟	62	95					
11	二班	郭佳伟	64	69					
12	三班	朱启明	55	63					
13	一班	孙成胜	90	75					

	A	B	C	D	E	F
		实验室材料采购清单				
5	录入日期	名称	单位	数量	建议采购厂家	
6	2015/6/2	酒精喷灯	个	15	X厂家	
7	酒精喷灯 计数		1			
8	2015/6/16	氢氟酸	小瓶	3	X厂家	
9	氢氟酸 计数		1			
11	2015/6/6	氢氧化钠试剂	罐	5	X厂家	
12	氢氧化钠试剂 计		1			
14	2015/6/10	石膏	kg	10	X厂家	
15	2015/6/19	石膏	kg	8	X厂家	
16	石膏 计数		2			
20	2015/6/2	通风橱	套	1	X厂家	
21	通风橱 计数		1			
27	2015/6/14	盐酸	大瓶	5	X厂家	
28	盐酸 计数		1			
29	总计数		7			
31						

5.1 数据的筛选

在大量的数据中，如果用户需要查找某些特定的数据，此时就会使用到筛选功能。筛选功能可以将数据中符合筛选条件的数据筛选出来，而不符合的数据将会被自动隐藏。

筛选功能分为自动筛选和高级筛选。

5.1.1 自动筛选

自动筛选功能包括两个方面：单条件筛选和多条件筛选。

a. 单条件筛选

单条件筛选就是根据一个条件进行数据的筛选。单击【数据】选项卡中的【排序和筛选】选项组中的【筛选】按钮，进入【自动筛选】状态，此时的标题行每列会出现一个下拉按钮。

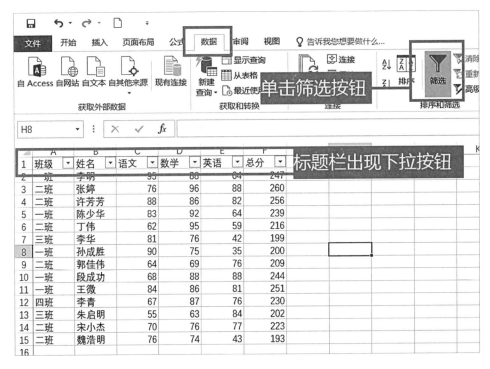

接着在"班级"栏里单击下拉按钮，在弹出的下拉按钮中取消【全选】，选择【一班】。单击确认。

筛选完成后，可以看到只有"一班"的成绩显示出来，其余的数据都被隐藏。

	A	B	C	D	E	F	G	H
1	班级	姓名	语文	数学	英语	总分		
2	一班	李明	95	88	64	247		
5	一班	陈少华	83	92	64	239		
8	一班	孙成胜	90	75	35	200		
10	一班	段成功	68	88	88	244		
11	一班	王微	84	86	81	251		
16								
17								
18								
19								

b. 多条件筛选

多条件筛选是相对单条件来说的，其实就是多个单条件筛选的组合。

接着上面的操作，在"英语"一栏里面，再选择成绩为"64"分的条件，即可完成多条件筛选。这两步的操作意思是：在一班中筛选出英语成绩为 64 分的学生信息。

	A	B	C	D	E	F	G
1	班级	姓名	语文	数学	英语	总分	
2	一班	李明	95	88	64	247	
5	一班	陈少华	83	92	64	239	
16							
17							

5.1.2　高级筛选

高级筛选可以设置复杂的筛选条件，比如要将月考成绩中的总分在 230 分以上的人筛选出来，此时利用自动筛选一个个的选很麻烦。那么就可以使用高级筛选自己编写筛选条件进行筛选。

高级筛选之前需要先建立一个条件区域，该区域用来制定筛选数据必须满足的条件。条件区域中必须包含作为筛选条件的字段名。

在"第一次月考成绩"所在工作表的空白单元格 H2 中输入"总分"，在 H3 单元格中输入"=">230""，按【Enter】键确认。然后单击【数据】选项卡中的【排序和筛选】选项组中的【高级】按钮，进入【高级筛选】对话框。

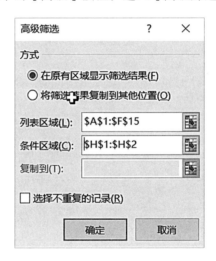

分别选择"列表区域"和"条件区域"，如上图所示。单击确定按钮确认即可。

	A	B	C	D	E	F	G	H
1	班级	姓名	语文	数学	英语	总分		总分
2	一班	李明	95	88	64	247		>230
3	二班	张婷	76	96	88	260		
4	二班	许芳芳	88	86	82	256		
5	一班	陈少华	83	92	64	239		
10	一班	段成功	68	88	88	244		
11	一班	王微	84	86	81	251		
16								
17								

可以看到，所有总分在 230 分以上的成绩被筛选出来，其余的被自动隐藏。

5.2　数据的排序

数据排序是以单元格内数据为标准进行的。主要依据下列四类：数值、文本、逻辑值和空格。数值按其数学上的大小，文本按照英文字母 A~Z，逻辑值 False 在前 True 值在后，空格排到最后。

数据的排序和筛选类似，分为自动排序和自定义排序。

5.2.1　自动排序

自动排序按条件个数分为单条件排序和多条件排序。

a. 单条件排序

单条件排序就是根据一行或者一列的数据进行升序或者降序的方式进行排序。

打开"第一次月考成绩表"，单击"总分"那一列的任意一个单元格，找到【数据】选项卡中【排序和筛选】选项组中的【降序】按钮，单击即可完成按照总分的降序排列，即按照总分从高到低的顺序进行排名。

b. 多条件排序

单条件排序有一个不足之处就是会出现"总分"相同的情况。这时候可以使用多条件排序。

首先选择数据所在表格中的任一个单元格如F5，单击【数据】选项卡下面的【排序和筛选】选项组中的【排序】按钮。打开【排序对话框】，单击【主要关键字】旁边的下拉按钮选择【总分】选项，设置【排序依据】为【数值】，设置【次序】为【降序】。

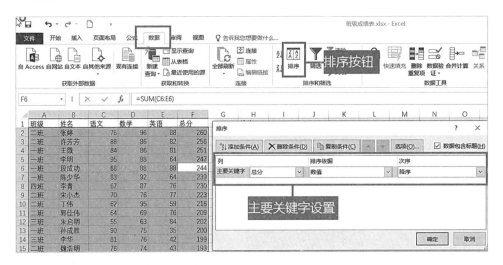

接着，设置次要关键字。单击【添加条件】按钮，会出现【次要关键字】按钮，单击该按钮旁边的下拉按钮，在下拉按钮中选择【英语】选项，设置【排序依据】为【数值】，设置【次序】为【降序】。单击确定按钮，确认选项。

确认后，返回至工作表，就可以看到数据是按照总分进行降序排序，而当总分相等时，则按照英语成绩进行从高到低的排序。

	A	B	C	D	E	F	G	H	I
1	班级	姓名	语文	数学	英语	总分		总分	
2	二班	张婷	76	96	88	260		>230	
3	二班	许芳芳	88	86	82	256			
4	一班	王微	84	86	81	251			
5	一班	段成功	68	88	91	247			
6	一班	李明	95	88	64	247			
7	一班	陈少华	83	92	64				
8	四班	李青	67	87	76				
9	二班	宋小杰	70	76	77				
10	二班	丁伟	62	95	59				
11	二班	郭佳伟	64	69	76				
12	三班	朱启明	55	63	84				
13	一班	孙成胜	90	75	35	200			

总分相等时，按照英语成绩排序

5.2.2　自定义排序

除了上述排序方式外，Excel 2016 还可以采用自定义排序的方式。例如将月考成绩按照一班、二班、三班、四班的顺序进行排序。

首先选择数据所在表格中的任一个单元格如 F5，单击【数据】选项卡下面的【排序和筛选】选项组中的【排序】按钮。打开【排序对话框】，单击【主要关键字】旁边的下拉按钮选择【班级】选项，设置【排序依据】为【数值】，设置【次序】为【自定义序列】。

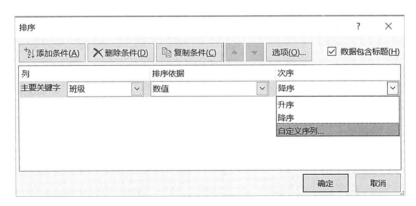

设置【自定义序列】后，会弹出【自定义序列】对话框，在【输入列表】输入"一班"、"二班"、"三班"和"四班"文本，单击【添加】按钮，将自定义序列的内容添加到【自定义序列】列表框中，最后单击【确定】按钮即可。

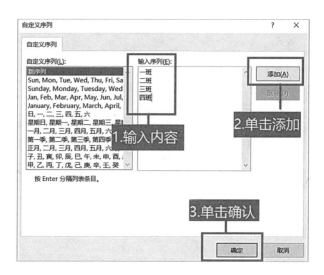

返回到【排序】对话框，即可看到【次序】下拉框中显示出刚刚自定义的序列，单击【确定】按钮确认。

如下图，即可看到按照班级顺序排序的成绩表。

	A	B	C	D	E	F	G
1	班级	姓名	语文	数学	英语	总分	
2	一班	王微	84	86	81	251	
3	一班	段成功	68	88	91	247	
4	一班	李明	95	88	64	247	
5	一班	陈少华	83	92	64	239	
6	一班	孙成胜	90	75	35	200	
7	二班	张婷	76	96	88	260	
8	二班	许芳芳	88	86	82	256	
9	二班	宋小杰	70	76	77	223	
10	二班	丁伟	62	95	59	216	
11	二班	郭佳伟	64	69	76	209	
12	二班	魏浩明	76	74	43	193	
13	三班	朱启明	55	63	84	202	
14	三班	李华	81	76	42	199	
15	四班	李青	67	87	76	230	
16							

5.3　数据分类与汇总

分类汇总其实就是先对数据分类，然后再进行汇总。主要应用在采购清单、原料清单等表格中。

分类汇总分为简单分类汇总和多重分类汇总。

5.3.1　简单分类汇总

在使用分类汇总时，每一列数据都要有一个列标题。在 Excel 2016 中使用列标题来确定分类的依据及如何计算总和。

打开销售清单的工作表，单击"产品"列下的任一个单元格，选择【升序】按钮，将相同的产品调整到位置相邻。

	A	B	C	D	E	F
1			销售清单			
2	日期	产品	数量	价格	总计	
3	2016/5/12	笔记本电脑	2	¥5,999.00	¥11,998.00	
4	2016/5/17	笔记本电脑	5	¥7,499.00	¥37,495.00	
5	2016/5/13	冰箱	20	¥6,300.00	¥126,000.00	
6	2016/5/22	冰箱	15	¥4,200.00	¥63,000.00	
7	2016/5/13	电热器	25	¥650.00	¥16,250.00	
8	2016/5/1	电视机	12	¥2,999.00	¥35,988.00	
9	2016/5/22	手机	5	¥2,000.00	¥10,000.00	
10	2016/5/7	数码相机	11	¥15,000.00	¥165,000.00	
11	2016/5/19	吸尘器	15	¥2,800.00	¥42,000.00	
12	2016/5/26	洗衣机	22	¥3,600.00	¥79,200.00	
13	2016/5/17	显示器	10	¥2,600.00	¥26,000.00	
14						

接着，单击"销售清单"数据区域的任意一个单元格，单击【数据】选项卡中【分级显示】选项组中的【分类汇总】按钮。

单击【分类汇总】后会弹出【分类汇总】的对话框。在对话框中的【分类字段】列表框选择【产品】项，表示以"产品"种类进行分类汇总。在【汇总方式】列表框中选择【求和】项，在【选定汇总项】中选择【总计】项，然后单击【确定】按钮。

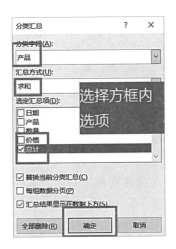

单击确定后，完成后的汇总表如图所示。

1 2 3		A	B	C	D	E	F
	1			销售清单			
	2	日期	产品	数量	价格	总计	
	3	2016/5/12	笔记本电脑	2	¥5,999.00	¥11,998.00	
	4	2016/5/17	笔记本电脑	5	¥7,499.00	¥37,495.00	
	5		笔记本电脑 汇总			¥49,493.00	
	6	2016/5/13	冰箱	20	¥6,300.00	¥126,000.00	
	7	2016/5/22	冰箱	15	¥4,200.00	¥63,000.00	
	8		冰箱 汇总			¥189,000.00	
	9	2016/5/13	电热器	25	¥650.00	¥16,250.00	
	10		电热器 汇总			¥16,250.00	
	11	2016/5/1	电视机	12	¥2,999.00	¥35,988.00	
	12		电视机 汇总			¥35,988.00	
	13	2016/5/22	手机	5	¥2,000.00	¥10,000.00	
	14		手机 汇总			¥10,000.00	
	15	2016/5/7	数码相机	11	¥15,000.00	¥165,000.00	
	16		数码相机 汇总			¥165,000.00	
	17	2016/5/19	吸尘器	15	¥2,800.00	¥42,000.00	
	18		吸尘器 汇总			¥42,000.00	
	19	2016/5/26	洗衣机	22	¥3,600.00	¥79,200.00	
	20		洗衣机 汇总			¥79,200.00	
	21	2016/5/17	显示器	10	¥2,600.00	¥26,000.00	
	22		显示器 汇总			¥26,000.00	
	23		总计			¥612,931.00	
	24						
	25						

5.3.2 多重分类汇总

多重分类汇总其实就是简单分类汇总的叠加。首先按照分类项的优先级对关键字段进行排序，在按分类项的优先级多次执行分类汇总。需要注意的是，在第二次及以后的执行分类汇总时，不能选中对话框中的【替换当前分类汇总】选项。

这里接上节的分类汇总操作继续进行。再次单击【分类汇总】按钮，注意要把【替换当前分类汇总】选项取消。

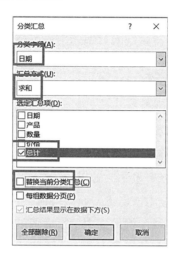

此时的分类汇总即是两重的分类汇总。

1 2 3 4		A	B	C	D	E	F	G
	1			销售清单				
	2	日期	产品	数量	价格	总计		
	3	2016/5/12	笔记本电脑	2	¥5,999.00	¥11,998.00		
	4	2016/5/12 汇总				¥11,998.00		
	5	2016/5/17	笔记本电脑	5	¥7,499.00	¥37,495.00		
	6	2016/5/17 汇总				¥37,495.00		
	7		笔记本电脑 汇总			¥49,493.00		
	8	2016/5/13	冰箱	20	¥6,300.00	¥126,000.00		
	9	2016/5/13 汇总				¥126,000.00		
	10	2016/5/22	冰箱	15	¥4,200.00	¥63,000.00		
	11	2016/5/22 汇总				¥63,000.00		
	12		冰箱 汇总			¥189,000.00		
	13	2016/5/13	电热器	25	¥650.00	¥16,250.00		
	14	2016/5/13 汇总				¥16,250.00		
	15		电热器 汇总			¥16,250.00		
	16	2016/5/1	电视机	12	¥2,999.00	¥35,988.00		
	17	2016/5/1 汇总				¥35,988.00		
	18		电视机 汇总			¥35,988.00		
	19	2016/5/22	手机	5	¥2,000.00	¥10,000.00		
	20	2016/5/22 汇总				¥10,000.00		
	21		手机 汇总			¥10,000.00		
	22	2016/5/7	数码相机	11	¥15,000.00	¥165,000.00		
	23	2016/5/7 汇总				¥165,000.00		
	24		数码相机 汇总			¥165,000.00		
	25	2016/5/19	吸尘器	15	¥2,800.00	¥42,000.00		
	26	2016/5/19 汇总				¥42,000.00		
	27		吸尘器 汇总			¥42,000.00		
	28	2016/5/26	洗衣机	22	¥3,600.00	¥79,200.00		
	29	2016/5/26 汇总				¥79,200.00		
	30		洗衣机 汇总			¥79,200.00		
	31	2016/5/17	显示器	10	¥2,600.00	¥26,000.00		
	32	2016/5/17 汇总				¥26,000.00		
	33		显示器 汇总			¥26,000.00		
	34		总计			¥612,931.00		

5.4 数据的特殊处理

使用条件样式和设置数据有效性是 Excel 2016 中对数据特殊处理的两个功能。使用条件样式可以使符合条件的数据突出显示出来；设置数据的有效性可以防止输入错误的数据，使用户只能输入在指定范围内的数据。

5.4.1 条件样式

条件样式可以使选中的数据中符合条件的单元格以一种颜色显示，而不符合条件的单元格则以另一种颜色显示加以区别。比如在录入学生成绩的时候可以设置 60 分以下的以红色标注突出显示，如果学生的成绩小于 60 分，那么以红色显示；如果大于 60 分，则不应用该格式，而以普通颜色显示。

首先，选中要设置的区域，例如选中学生成绩的总分一列，单击【开始】选项卡【样式】选项组中的【条件格式】按钮，选择【突出显示单元格规则】中的【小于】规则选项。

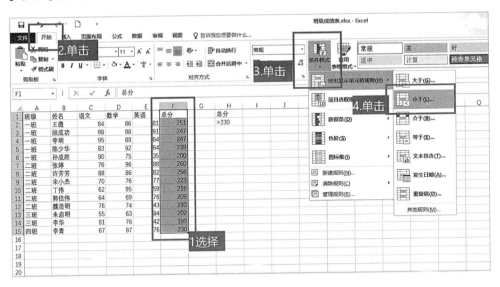

此时，会弹出【小于】对话框，设置数值为"200"，然后选择旁边的颜色选项为"浅红填充色深红文本"，单击【确定】按钮。

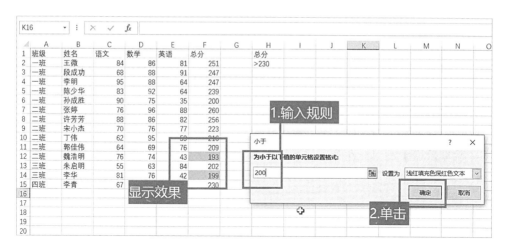

此时，条件样式已设置完毕。若要修改，可以重新找到【条件格式】按钮，在下拉列表中找到【管理规则】选项。单击，弹出【条件格式规则管理器】的对话框，然后根据目录进行设置。

在该管理器中，不仅可以修改，还可以新建及删除设置的条件规则。

5.4.2 数据的有效性

设置数据有效性不仅可以放置用户输入错误的数据，还可以指定输入的数据范围。

这里以输入 18 位的身份证号为例，具体步骤如下。

选中单元格区域 J6：J14，单击【数据】选项卡下的【数据工具】选项组中的【数据验证】按钮，在弹出的下拉菜单中选择【数据验证】选项。

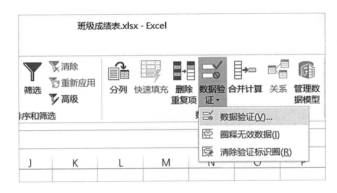

单击【数据验证】选项，弹出【数据验证】对话框，选择【设置】选项，设置如下图所示。

设置完成后，返回工作表，此时在 J6：J14 区域内输入身份证号，如果输入

的数字不是 18 位，就会弹出一个提示框，提示出错信息。

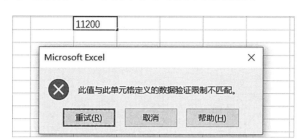

5.5　数据透视表制作

数据透视表的最大特点就是具有交互性，其本质是从数据库中生成的动态总结报告。

5.5.1　制作透视表

首先，选择需要制作透视表的数据区域。然后单击【插入】选项卡下的【表格】选项组中【数据透视表】按钮。

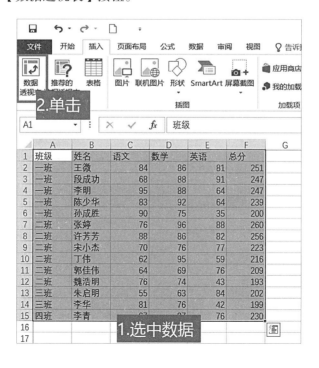

单击后，会弹出【创建数据透视表】对话框。然后按照下图进行设置。

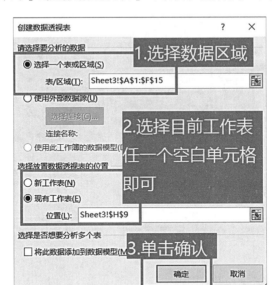

单击确定后，会弹出数据透视表的编辑界面，在界面内会出现工作透视表，该表右侧是【数据透视表字段】窗口。此时，上方功能区会出现【数据透视表工具】的【分析】与【设计】两个选项卡。

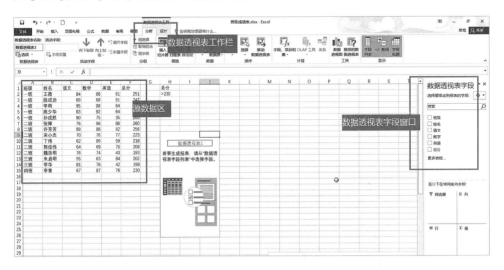

接着，将"语文"、"数学"、"英语"、"总分"拖曳到【Σ 值】中，将"班级"、"姓名"拖曳到【行】标签中，调整好顺序。此时，数据透视表已经创建完毕。

创建好的数据透视表如下图所示。

行标签	求和项:语文	求和项:数学	求和项:英语	求和项:总分
⊟一班	**420**	**429**	**335**	**1184**
陈少华	83	92	64	239
段成功	68	88	91	247
李明	95	88	64	247
孙成胜	90	75	35	200
王微	84	86	81	251
⊟二班	**436**	**496**	**425**	**1357**
丁伟	62	95	59	216
郭佳伟	64	69	76	209
宋小杰	70	76	77	223
魏浩明	76	74	43	193
许芳芳	88	86	82	256
张婷	76	96	88	260
⊟三班	**136**	**139**	**126**	**401**
李华	81	76	42	199
朱启明	55	63	84	202
⊟四班	**67**	**87**	**76**	**230**
李青	67	87	76	230
总计	**1059**	**1151**	**962**	**3172**

5.5.2　编辑透视表

创建好后，接着需要对透视表进行编辑。从上节创建好的透视表中可以看出，并不需要对语文等科目进行求和，想要的是其平均值。此时便需要对其进行编辑。

编辑透视表包括添加或者删除字段、对透视表进行复制或者删除等操作。如删除"班级"字段，单击【行标签】列表中【班级】旁边的下拉按钮，在弹出的列表中选择【删除字段】即可。

删除后的透视表如下图所示。

行标签 ▼	求和项:语文	求和项:数学	求和项:英语	求和项:总分
陈少华	83	92	64	239
丁伟	62	95	59	216
段成功	68	88	88	244
郭佳伟	64	69	76	209
李华	81	76	42	199
李明	95	88	64	247
李青	67	87	76	230
宋小杰	70	76	77	223
孙成胜	90	75	35	200
王微	84	86	81	251
魏浩明	76	74	43	193
许芳芳	88	86	82	256
张婷	76	96	88	260
朱启明	55	63	84	202
总计	1059	1151	959	3169

如果要把班级字段再添加进去的话，操作和创建时一样，即拖曳进去即可。注意顺序。

刚才提到了将求和显示改成平均值显示，这个操作是在【值字段设置】中完成的。单击【求和项：语文】旁边的下拉按钮，在弹出的列表中选择【值字段设置】选项。

在弹出的【值字段设置】对话框中，【计算类型】列表中选择【平均值】选项，单击确定。

确定后，即可看到语文项变成了平局值后的效果。

行标签	平均值项:语文	求和项:数学	求和项:英语	求和项:总分
⊟一班	84	429	335	1184
陈少华	83	92	64	239
段成功	68	88	91	247
李明	95	88	64	247
孙成胜	90	75	35	200
王微	84	86	81	251
⊟二班	72.66666667	496	425	1357
丁伟	62	95	59	216
郭佳伟	64	69	76	209
宋小杰	70	76	77	223
魏浩明	76	74	43	193
许芳芳	88	86	82	256
张婷	76	96	88	260
⊟三班	68	139	126	401
李华	81	76	42	199
朱启明	55	63	84	202
⊟四班	67	87	76	230
李青	67	87	76	230
总计	75.64285714	1151	962	3172

接着通过同样的操作，将"数学"等也设置成平均值。

Tips：双击"求和项：语文"单元格，可以直接打开【值字段设置】对话框。

5.6 数据透视图制作

数据透视图其实和数据透视表是同一个事物的不同表现形式。透视图是根据透视表的数据生成，所以当透视表中数据变化时，透视图也会跟着变化。

5.6.1 创建数据透视图

数据图的创建和数据表类似。

首先，选中透视表中的任一个单元格，单击【插入】选项卡中【图表】选项组中的【数据透视图】下拉按钮，在弹出的下拉列表中选择【数据透视图】选项。

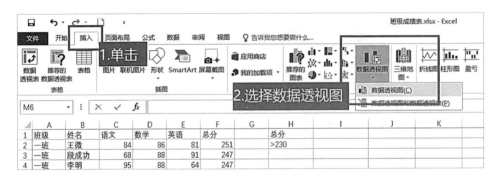

接着，会弹出【插入图表】对话框，选择【柱形图】中的【三维簇状柱形图】选项，单击确定。

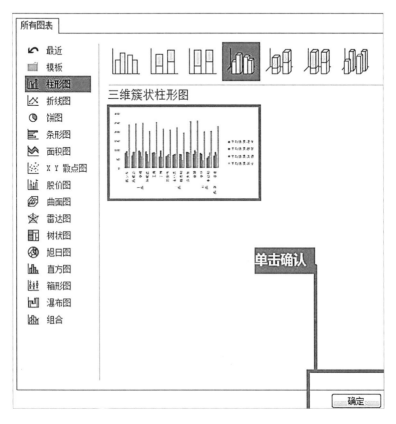

创建好的透视图如下图所示。

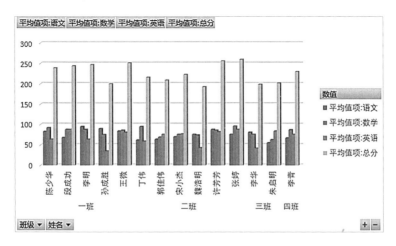

Tips：数据透视图不能应用 XY 散点图、气泡图及股价图等类型的图表。

5.6.2　编辑透视图

同数据透视表一样，创建好的透视图也可以进行编辑。包括透视图的布局、样式、数据排序及显示等等。

比如使透视图只显示一班的成绩，其余的不显示。单击透视图左下角的班级下拉按钮，在弹出的对话框中取消【全选】选项只选择【一班】选项。

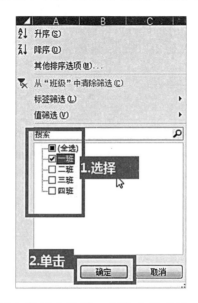

确认后，此时透视图上就只会显示一班学生的成绩，其余的全部隐藏。

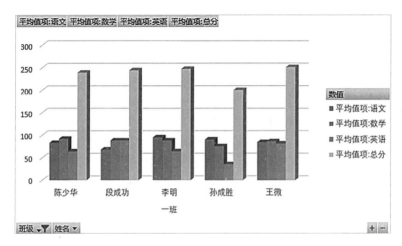

5.7 牛刀小试——原料清单表制作

本例讲解对原料采购清单表的筛选、汇总分类等操作。通过本节的练习，让读者重新复习前几节关于数据的筛选、汇总分类等操作步骤和内容。

第一步：打开原料清单的工作表。

	A	B	C	D	E
1		**实验室材料采购清单**			
2	录入日期	名称	单位	数量	建议采购厂家
3	2015/5/15	钳子大号	个	5	X厂家
4	2015/5/19	硫酸镁试剂	罐	10	X厂家
5	2015/6/2	无水乙醇	大瓶	4	Y厂家
6	2015/6/2	酒精喷灯	个	15	X厂家
7	2015/6/16	氢氟酸	小瓶	3	X厂家
8	2015/6/9	工业粗盐	罐	5	Z厂家
9	2015/6/6	氢氧化钠试剂	罐	5	X厂家
10	2015/6/13	铝板	kg	20	Y厂家
11	2015/6/10	石膏	kg	10	X厂家
12	2015/6/19	石膏	kg	8	X厂家
13	2015/7/5	加热板	个	2	X厂家
14	2015/6/19	石墨坩埚	个	30	Y厂家
15	2015/5/19	酒精灯	个	10	Y厂家
16	2015/6/2	通风橱	套	1	X厂家
17	2015/8/15	50ml烧杯	个	10	X厂家
18	2015/6/25	50ml量筒	个	10	Y厂家
19	2015/9/16	玻璃棒	个	20	Z厂家
20	2015/8/16	光学显微镜	台	2	X厂家
21	2015/6/15	石膏	kg	15	Y厂家
22	2015/6/14	盐酸	大瓶	5	X厂家
23	2015/6/3	无水乙醇	大瓶	6	Y厂家
24					

该清单表的录入日期不是按照时间顺序来统计的，而且建议采购的厂家也不是一家。现在，我们需要找到录入日期在 2015 年 6 月份的采购清单，并且采购厂家需要是 X 厂家。

第二步：筛选 2015 年 6 月份录入的实验室材料。

选中数据区域，单击【数据】选项卡里面【排序和筛选】选项组里的【筛选】按钮，此时在第 2 行的单元格会出现下拉按钮，单击【录入日期】旁边的下拉按钮，取消全选，选择【六月】，单击【确定】。

单击【确定】后，返回工作表，如下图所示。

实验室材料采购清单				
录入日期	名称	单位	数量	建议采购厂家
2015/6/2	无水乙醇	大瓶	4	Y厂家
2015/6/2	通风橱	套	1	X厂家
2015/6/6	氢氧化钠试剂	罐	5	X厂家
2015/6/9	工业粗盐	罐	5	Z厂家
2015/6/10	石膏	kg	10	Y厂家
2015/6/13	铝板	kg	20	Y厂家
2015/6/14	盐酸	大瓶	5	X厂家
2015/6/16	氢氟酸	小瓶	3	X厂家
2015/6/19	石墨坩埚	个	30	Y厂家
2015/6/2	酒精喷灯	个	15	X厂家
2015/6/25	50ml量筒	个	10	Y厂家
2015/6/15	石膏	kg	15	Y厂家
2015/6/19	石膏	kg	8	X厂家
2015/6/3	无水乙醇	大瓶	6	Y厂家

第三步：筛选"建议采购厂家"为 X 厂家。

与第 2 步类似，单击建议采购厂家单元格里的下拉按钮，取消全选，选择【X 厂家】，单击【确定】。返回工作表，效果图如下。

	A	B	C	D	E
1		实验室材料采购清单			
2	录入日期	名称	单位	数量	建议采购厂家
6	2015/6/2	酒精喷灯	个	15	X厂家
7	2015/6/16	氢氟酸	小瓶	3	X厂家
9	2015/6/6	氢氧化钠试剂	罐	5	X厂家
11	2015/6/10	石膏	kg	10	X厂家
12	2015/6/19	石膏	kg	8	X厂家
16	2015/6/2	通风橱	套	1	X厂家
22	2015/6/14	盐酸	大瓶	5	X厂家
24					

第四步：按照材料名称排序，将相同名称的材料放到一起。

选中数据区域"名称"列下的任一个单元格，单击【筛选与排序】选项组中的【升序】按钮。

	A	B	C	D	E
1		实验室材料采购清单			
2	录入日期	名称	单位	数量	建议采购厂家
6	2015/6/2	酒精喷灯	个	15	X厂家
7	2015/6/16	氢氟酸	小瓶	3	X厂家
9	2015/6/6	氢氧化钠试剂	罐	5	X厂家
11	2015/6/10	石膏	kg	10	X厂家
12	2015/6/19	石膏	kg	8	X厂家
16	2015/6/2	通风橱	套	1	X厂家
22	2015/6/14	盐酸	大瓶	5	X厂家
24					

第五步：分类汇总。

单击【数据】选项卡里【分级显示】选项组中的【分类汇总】按钮，设置如下图所示。单击【确定】。

131

分类汇总后效果如下图所示。

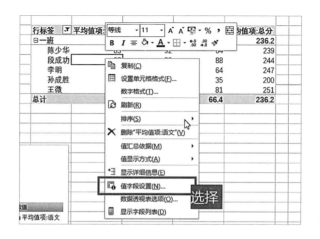

此时，一个初步的分类汇总表就已经完成。

Tips：在处理大量数据的时候，本例操作步骤会显示出非常强大的数据处理能力。

高手秘籍

重新设置数据透视表中的数据格式。

当发现已完成的数据区域的数据格式不太理想时，可以重新对这些数据的数据格式进行设置。具体步骤如下。

第一步：在需要设置数字格式的单元格上单击鼠标右键，在弹出的对话框中选择【值字段设置】选项。

第二步：在弹出的【值字段设置】对话框中选择【数字格式】选项。

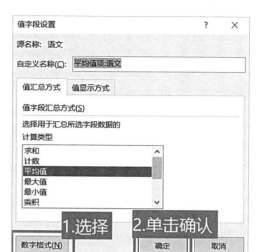

第三步：在弹出的【数字格式】对话框中设置数字格式即可。

第六章
PPT 2016 基础入门

本章内容简介

　　本章开始介绍 Office 2016 中的 PowerPoint 软件的内容。PowerPoint 简称 PPT，是开会议、做报告等活动时最基本的工具，PPT 展示的不仅仅是内容，更是汇报者的素养体现和精神面貌的展现。一个有声有色的汇报不仅能完成汇报内容，还可以给人留下深刻的印象。

内容预览

6.1　新建和保存幻灯片

如下图所示，即是 PPT 的图标。图标下面的字是该 PPT 的名称，可以通过单击方式修改，也可以通过重命名方式进行修改。

6.1.1　新建幻灯片

双击打开 PPT 文件后，需要创建演示文稿进行编辑。

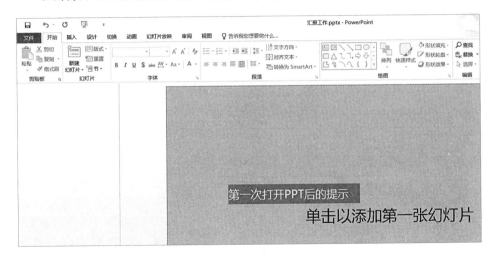

如果直接单击，创建的默认是一个空白的演示文稿；如果想直接套用模板进行编辑，单击【文件】中的【新建】选项，选择合适的模板即可，其中空白模板也可以在该选项组中找到。

选择第一个空白演示文稿，创建一个空白演示文稿，如下图。

也可以创建一个联机模板的演示文稿，如选择"木头模型"演示文稿，单击
创建。

创建好的演示文稿如下图所示。

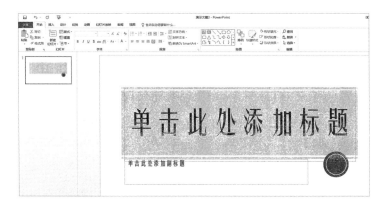

创建好的演示文稿只有一张幻灯片，如图中左边所示。添加幻灯片的常见方法有两种，一种是单击【开始】选项卡中【幻灯片】选项组中的【新建幻灯片】按钮，在下拉菜单中选择所要创建的选项即可，建好后，新的幻灯片会随即显示在左侧的【幻灯片】窗格中。

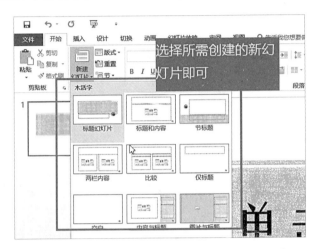

第二种方法是在【幻灯片】窗格中右键单击，弹出的快捷菜单中选择【新建幻灯片】选项，即可快速创建新的幻灯片。

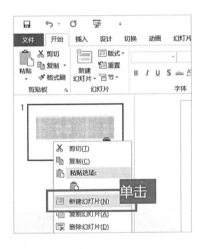

Tips：使用快捷键组合【Ctrl+M】也可以快速创建新的幻灯片。

6.1.2 幻灯片的保存

请参考 Word 2016 和 Excel 2016 的保存方式。这里不再赘述。

6.2　添加文本内容

新建好一个演示文稿后，需要添加演示内容。本节主要介绍在幻灯片中如何添加及编辑文本内容。

幻灯片中添加文本内容的方式有两种，一种是利用【文本占位符】的方式添加文本，另一种是利用【文本框】的方式添加；【文本占位符】的位置是固定的，而【文本框】的位置却是非常灵活。两种方式结合使用，可以完成所有方式的文本内容添加任务。

6.2.1　使用文本框

新建一个演示文稿，选中【文本占位符】并将其删除。单击【插入】选项卡【文本】选项组中的【文本框】下拉按钮，再下拉菜单中选择【横排文本框】选项。

然后，在合适的地方左键单击并拖动，创建一个文本框。

最后，松开鼠标键，文本框就创建成功。再次单击文本框就可以直接输入文本，如输入"我爱我的祖国"。

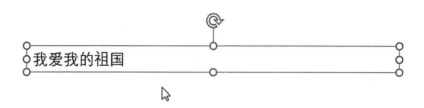

6.2.2 使用文本占位符

在 PPT 编辑时的普通视图中，幻灯片中会出现"单击此处添加标题"或者"单击此处添加副标题"之类的提示文字，这些文字所在的文本框就是【文本占位符】。

文本占位符方式输入文本是 PPT 中最基本，也是最方便的一种方式。单击文本占位符时，上述提示性文字即消失，同时出现输入文本的闪烁图标。

文本占位符也可以移动，如上图，将鼠标指针放到【文本占位符】框的边缘，当鼠标指针下方出现一个交叉箭头时，拖曳鼠标即可。

6.3 编辑文本内容

添加文本之后，便可以对文本进行格式编辑，如字体的颜色、字符间距，段落的对齐方式、行间距等等。编辑文本不仅可以使整体的页面布局更加科学、美观，还可以突出显示某些重要的内容等。

6.3.1 字体设置

PPT 中字体的设置和 Word 中完全一样，默认的字体是"宋体"，字体颜色是

"黑色"。字体、字号及字体颜色的设置在【开始】选项卡中的【字体】选项组中可以完成，或者在【字体】对话框中也可以完成。

首先选中需要修改的文本内容，单击【字体】选项组中的【字体】下拉按钮，在弹出的菜单中选择合适字体。

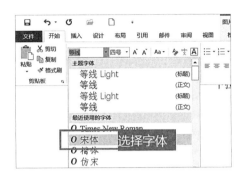

单击【字体】选项组中的【字号】下拉按钮，选择字号。

单击【字体】选项组中的【字体颜色】下拉按钮，在弹出的下拉菜单中选择颜色。

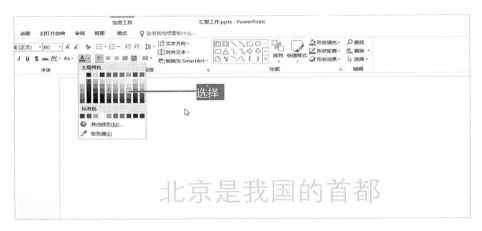

6.3.2　使用艺术字

在 Word 那一章节的内容中提到过艺术字的创建方法。同样在 PPT 2016 中也可以输入艺术字，使幻灯片更加美观。

在新建的演示幻灯片中，单击【插入】选项卡【文本】选项组中的【艺术字】下拉按钮，在弹出的下拉列表中选择一种艺术字格式。

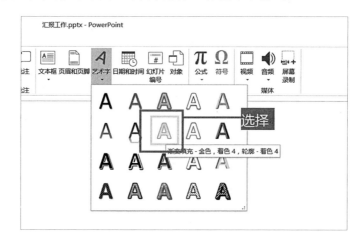

接着，会在幻灯片页面上出现提示语"请在此放置您的文字"文本框，单击删除此文字，输入要设置的文字文本即可。

若想修改艺术字格式，单击艺术字文本框，在功能区会出现【格式】选项卡，单击进入设置即可。

6.3.3　段落和编号设置

段落的设置主要有对齐方式、文本缩进、段间距和行间距等。和 Word 2016 中的段落设置一样，主要是通过【开始】选项卡中的【段落】选项组中的各种命令按钮来进行。

编号或项目符号，可以使单调的文本内容显得更生动而且专业。精美的项目符号和整齐统一的文本标号对于大量的文本内容来说也使得其逻辑顺序更加明了，同时也使幻灯片更加美观。

在 1.6 章节中，对于这两项的介绍很详细，请参考操作。这里不再做重复讲解。

6.4 编辑插入内容

幻灯片中不仅可以输入文本内容，还可以插入如表格、图片、图表、视频和音频等内容。

6.4.1 插入表格

在 PPT 2016 中，插入表格有三种方式，菜单命令、对话框设置和绘制表格。

a. 菜单命令

该方法是最常用的 PPT 中插入表格的方法。

单击【插入】选项卡中【表格】选项组中的【表格】下拉按钮，在弹出的下拉选项中表格区域选择所要插入的行数和列数。

选择完毕后，释放鼠标即可，此时在幻灯片页面会出现一个创建好的表格。

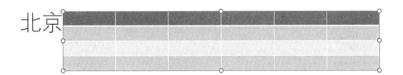

b. 使用对话框

使用【插入表格】对话框也可以精确地插入表格。

单击【插入】选项卡中【表格】选项组中的【表格】下拉按钮，在弹出的下拉菜单中选择【插入表格】选项。

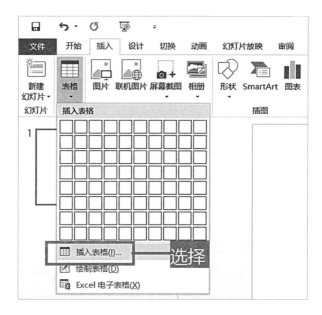

选择之后会弹出【插入表格】对话框，在对话框中输入所要插入表格的行数和列数即可。

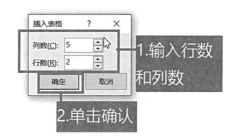

c. 绘制表格

绘制表格不经常用，只有当所插入的表格不规则时才会使用该方法。

单击【插入】选项卡中【表格】选项组中的【表格】下拉按钮，在弹出的下拉菜单中选择【绘制表格】选项。

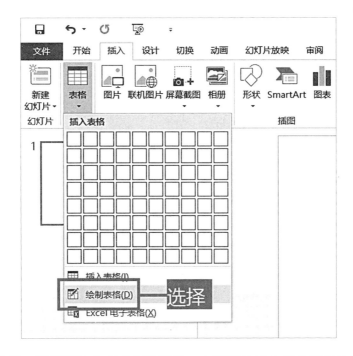

选择之后，鼠标指针会变成笔的形状，在需要的地方拖动鼠标绘制即可，绘制完成后按【ESC】键返回绘制表格模式。

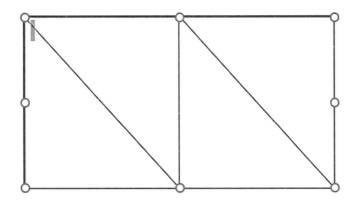

6.4.2　插入图片

制作幻灯片时，很多情况下都会用到插入图片的功能，文不如图，图片的插入可以达到图文并茂的效果。

单击【插入】选项卡下【图像】选项组中的【图片】按钮。

在弹出的【插入图片】对话框中，选择需要插入的图片，单击【插入】按钮确定，即可插入图片于幻灯片中。

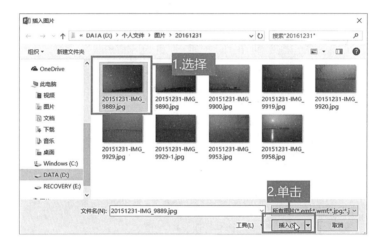

插入图片后的效果如下图所示。

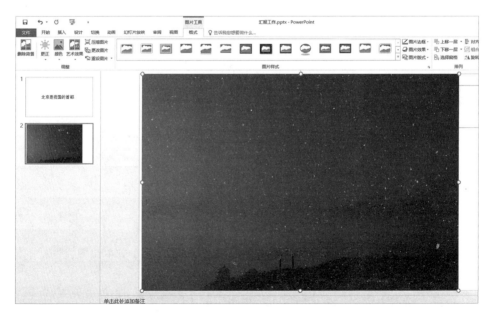

6.4.3　插入特殊形状

除了上述两类可以插入的内容外，还有一种比较实用的插入对象，就是特殊形状。包括各种线条、矩形、箭头、公式形状、流程图形状、星星旗帜等。

右键单击左侧幻灯片导航窗口，在弹出的快捷菜单中选择【新建幻灯片】选项，新建一个空白幻灯片。

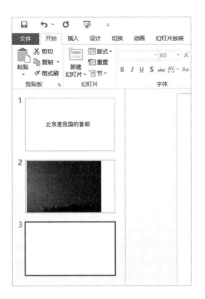

单击【开始】选项卡中【绘图】选项组中的【形状】按钮，在弹出的下拉选项中选择【基本形状】区域中的【笑脸】形状。

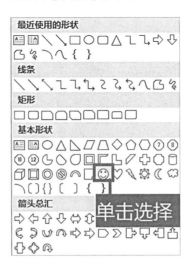

选择之后，鼠标指针会在幻灯片中显示为十字形，在幻灯片合适的地方单击并拖曳鼠标至合适的大小释放鼠标，即可绘制一个笑脸形状。

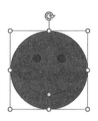

6.4.4 插入图表

在需要使用数据的时候，幻灯片中的图表更能直观地展示所要表达的内容。单击【插入】选项卡中【插图】选项组中的【图表】按钮。

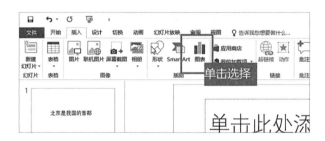

在弹出的【插入图表】对话框中选择【柱形图】选项中的【簇状柱形图】样式，单击【确定】。

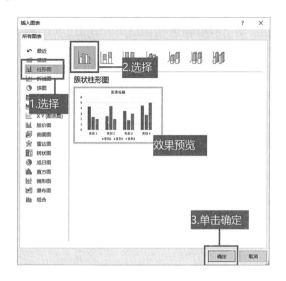

　　单击确定后，会同时弹出 Excel 2016 表格和图表的界面，表格在上图表在下，在表格中输入要显示的数据，输入完成后可以把上方的表格关闭，只留下图表。

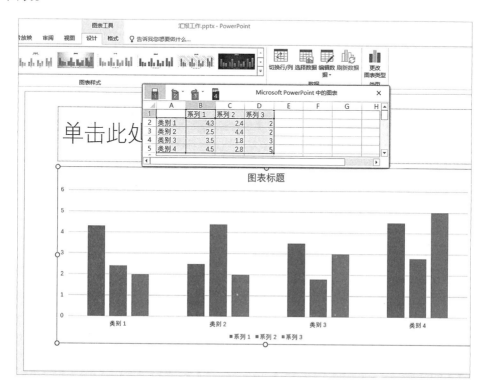

6.5　使用幻灯片母版

　　母版视图包括幻灯片母版视图、讲义母版视图和备注母版视图三种。母版视图类似于幻灯片的模板，可以统一设置演示文稿中的背景、颜色、主题等等。

　　母版视图设置在【视图】选项卡中【母版视图】选项组中。

6.5.1 幻灯片母版视图

幻灯片母版视图主要是为整个演示文稿设置统一的颜色、字体及背景效果等。

单击【视图】选项卡中【母版视图】选项组中的【幻灯片母版】按钮。

之后会弹出【幻灯片母版】设置页面。找到【编辑主题】选项组中【主题】按钮，单击【主题】下拉菜单。

在弹出的主题列表中选择一种主题样式即可。

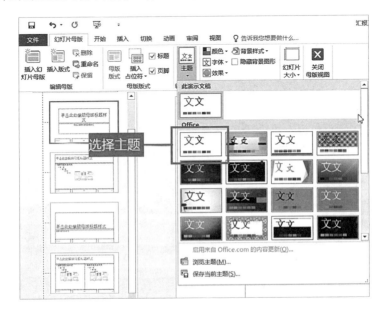

设置完成后，效果如下。

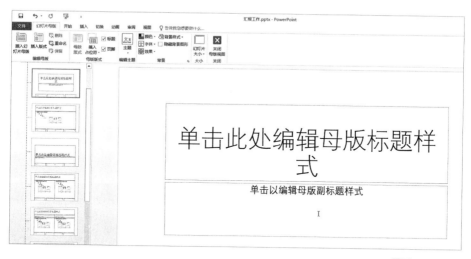

最后，单击幻灯片母版设置选项组中的【关闭母版视图】按钮 。

6.5.2 幻灯片母版格式设置

母版格式包括母版的背景色、占位符及默认字体等等。

a. 设置背景

单击【视图】选项卡中【母版视图】选项组中的【幻灯片母版】按钮，在弹出的【幻灯片母版】设置页面中单击【背景】选项组中的【背景样式】按钮，在弹出的下拉选项中选择【样式 2】。

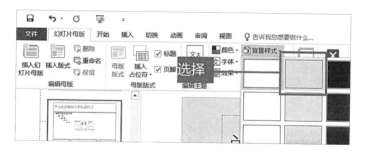

选择后的背景样式会应用到当前的幻灯片中。

b. 设置占位符

在幻灯片母版中设置占位符后，会自动应用到所有的幻灯片中。占位符主要有文本占位符和页脚占位符两种，文本占位符用来输入文本内容，页脚占位符则用来放置幻灯片页码等。

单击【视图】选项卡【母版视图】选项组中【幻灯片母版】按钮，进入【幻灯片母版】设置页面。单击需要更改的占位符，可通过四周的节点来更改大小。

接着在【开始】选项卡中【字体】和【段落】选项组中进行字体、对齐方

式等的设置，如在标题提示框中输入"设置幻灯片母版"。设置完成后，单击
【幻灯片母版】设置页面中的【关闭母版视图】按钮，关闭【幻灯片母版】设置
页面。

　　设置后的效果如下。

6.5.3　讲义母版视图设置

　　讲义母版设置主要用于打印时的输出，其目的是将多张幻灯片放到同一张幻
灯片中。

　　单击【视图】选项卡【母版视图】选项组中的【讲义母版】按钮，进入讲义
母版设置页面，在【页面设置】选项组中单击【每页幻灯片数量】的下拉按钮，
选择每页 4 张，同时在【占位符】选项组中将【页眉】、【页脚】、【日期】、【页
码】四个选项都选上。

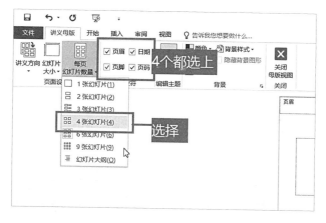

　　设置完成后，效果如下图所示。

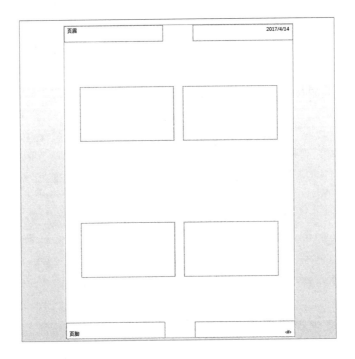

6.5.4 备注母版视图

备注母版视图主要是在利用投影仪播放幻灯片时添加备注，备注只有报告者能看到，而不会出现在投影幕布上面。

单击【视图】选项卡【母版视图】选项组中【备注母版】按钮 ，进入【备注母版】设置页面。选中下方的备注区文本，设置文本中的字体大小、颜色和字体等。

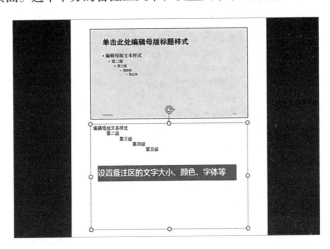

设置完成后，单击【备注母版】设置页面中的【关闭母版视图】按钮，关闭【备注母版】设置，返回普通视图。单击幻灯片页面下方的"单击此处添加备注"处，输入要添加的备注内容。

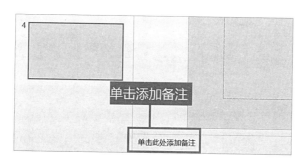

输入完成后即可在【视图】选项卡中【演示文稿视图】选项组中的【备注】选项中查看备注内容。

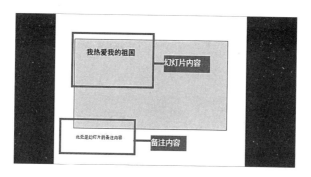

6.6　牛刀小试——课堂展示 PPT 制作

应用本章的内容，做一份课堂展示，简单地介绍"长城"。

主要练习套用主题、插入图片及字体格式设置等内容。

第一步：幻灯片首页制作

新建空白的幻灯片，并命名为"长城"。

打开该 PPT 文件，新建空白幻灯片，并找到【设计】选项卡中【主题】选项组中"环保"主题，单击选择。

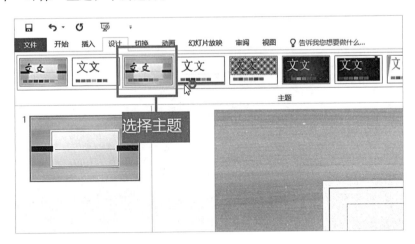

在标题框中输入标题"万里长城万里长"，并选中副标题框，进行删除。单击【插入】选项卡中的【图像】选项组中【图片】按钮 ，在弹出的对话框中选择选择好的图片。并调整合适的大小和位置。调整好的效果如下图所示。

第二步：制作幻灯片内容

单击【开始】选项卡【幻灯片】选项组中的【新建幻灯片】下拉按钮，在弹出的菜单中选择【新建空白幻灯片】。插入准备好的图片，调整合适的位置和大小，如下图所示。

单击选择插入的图片，找到【格式】选项卡中【图片样式】选项组中选择第三个样式"金属框架"。

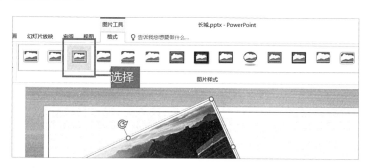

然后单击【插入】选项卡中【文本】选项组内的【文本框】下拉按钮，选择【横排文本框】选项。单击创建横排文本框。

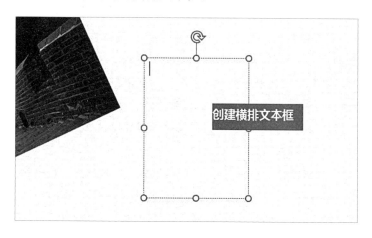

在文本框中输入所要展示的内容，并设置【字体】为"隶书"，【字号】为"24"，颜色为"绿色，个性色1，淡色40%"，并调整文本框大小和位置。如下图所示。

接下来可以使用相同的方法进行制作幻灯片内容，这里不再一一详细讲解。

第三步：尾页幻灯片制作

主要练习使用艺术字、插入特殊形状等内容。

新建"标题幻灯片"，并删除上面的两个文本框。单击【插入】选项卡中【文本】选项组中【艺术字】选项，插入艺术字。在弹出的下拉列表中选择一种样式艺术字。

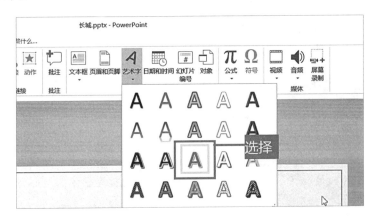

在出现的艺术字文本框中输入内容："THANK YOU!"，并设置【字体】为"Aharoni"，【字号】为"60"，并调整至合适的位置。

这样，一个课堂展示的 PPT 就设置完毕了。

✍ 高手秘籍

复制和移动幻灯片。

在有些情况下，需要对已经编写好内容的幻灯片进行位置的调整，或者需要复制某张幻灯片。复制幻灯片主要有三种方法。

第一种：首先选中所需复制的幻灯片，单击【开始】选项卡中【剪贴板】选项组中【复制】选项的下拉按钮 ![复制] ，在弹出的选项中选择【复制】命令。

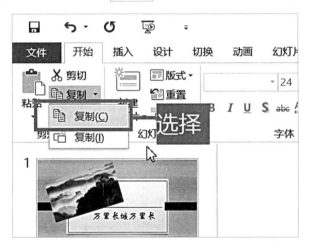

第二种：在所需复制的幻灯片上单击鼠标右键，在弹出的快捷菜单中单击【复制】命令，即可复制幻灯片。

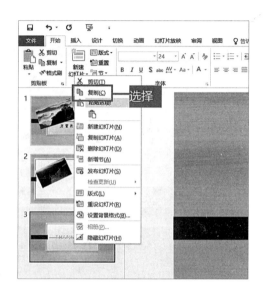

第三种：利用快捷键组合【Ctrl+C】可以快速执行复制命令。

Tips：注意区分快捷菜单中两个复制功能的区别。"复制"命令是复制完之后需要用户手动制定粘贴位置，而"复制幻灯片"命令则是在该幻灯片下方复制一张相同的幻灯片，位置定在了该幻灯片的下方。

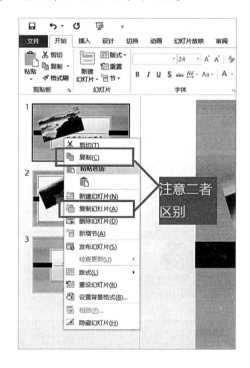

移动幻灯片有两种方法。

第一种：单击需要移动的幻灯片并按住鼠标左键拖曳至目标位置即可。

第二种：巧用剪切并粘贴快捷键。

第七章
PPT 2016 内容精通

本章内容简介

　　幻灯片放映时，在幻灯片之间可以加入动画切换效果，不仅可以帮助完成汇报，也可以给观众引人入胜的视觉享受；在进行幻灯片演示时，也需要注意一些放映的方式，包括为幻灯片添加标注内容等，这些都会在本章中一一讲解。

内容预览

7.1 幻灯片切换效果

在播放幻灯片时，从一张幻灯片播放到另一张时可以设置非常生动的切换效果。

切换效果包括切换时的动画、声音、快慢及方向等几个方面的内容。

7.1.1 切换动画设置

选择一张幻灯片，单击【切换】选项卡里【切换到此幻灯片】选项组中的【推进】效果 。

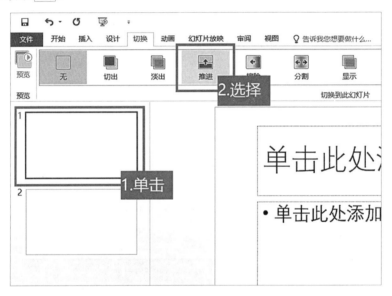

设置完成后，在第一张幻灯片开始播放时就会以从下到上的"推进"动画为切换效果。

每一种切换效果都有自定义的部分可以选择，比如"推进"效果默认为自下向上，可以自定义为"从左到右"、"从右到左"或者"从上到下"等。

首先单击刚刚设置了"推进"切换效果的第一张幻灯片，单击【切换】选项卡里【切换到此幻灯片】选项组中的【效果选项】下拉按钮，在弹出的下拉菜单中选择一个即可。

Tips： 不同的切换效果的自定义效果是不相同的。

7.1.2　切换音效和时间设置

切换时添加音效可以产生更加震撼的效果，更好地吸引观众的注意。

首先选中需要添加切换音效的幻灯片，单击【切换】选项卡中【计时】选项组里的【声音】下拉按钮，在弹出的下拉列表中选择一种切换音效。

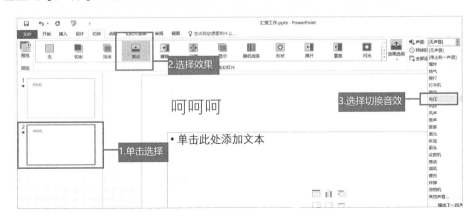

在切换时也可以通过改变切换效果的持续时间，来控制切换的速度。

首先，选中需要设定的幻灯片，找到【切换】选项卡内【计时】选项组中的【持续时间】按钮，单击右侧的上下调节按钮来调节时间。

7.1.3　设置切换的触发方式

在播放幻灯片时，幻灯片切换的触发方式可以设置成自动切换或者单击鼠标时切换。

首先选择已经设置好切换方式的幻灯片，在【切换】选项卡中【计时】选项组里面的【换片方式】一栏中选择【单击鼠标时】的选框，再将切换的触发方式设置成单击鼠标才会触发的方式，那么要切换到下一张幻灯片时需要单击鼠标。

若选中了【设置自动切换时间】选框，并在右侧时间框里设置了时间，那么播放幻灯片时经过设置时间之后，幻灯片在不用鼠标单击的情况下也会自动切换到下一张。

7.2　幻灯片内容动画效果

在每张幻灯片的内容进行播放时，可以对内容（如文本、图片、表格、形状等）设置进入或退出的动画效果。

7.2.1　添加进入动画效果

可以将幻灯片内容在幻灯片中从无到有的出现，这个动作就是进入动画效果。

首先选中要设置进入动画效果的对象，如文本内容所在的文本框，单击【动画】选项卡中【动画】选项组中的第四个动画效果"飞入" ，添加后在该文本框的左上角会出现一个"1"的标志。

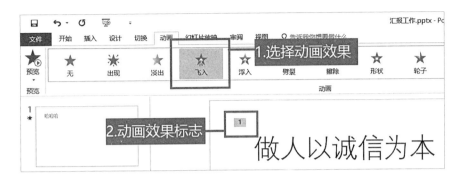

Tips： 动画效果的标志"1"在打印时是不会出现在纸张上的。

7.2.2 设置动画顺序

在设置完每一部分内容的播放效果时，也可以对他们的播放顺序进行调整，调整顺序的方式有两种。

a. 通过【动画】选项卡中的【计时】选项组进行调整。首先，单击动画效果标志"1"，接着单击【动画】选项卡中的【计时】选项组中【对动画重新排序】下方的【向后移动】按钮，即可将该动画从第一个出现，调整到第二个出现。

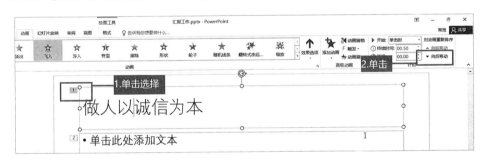

b. 通过【动画窗格】调整。单击【动画】选项卡中【高级动画】选项里的【动画窗格】按钮。

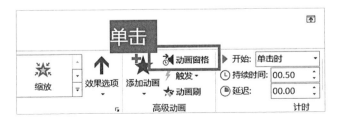

单击后，会在右侧弹出【动画窗格】设置窗口，选择需要调整顺序的动画，

单击向上或者向下按钮即可调整。如选择第二个动画，向上调整。

调整后在幻灯片页面中编号"1"和"2"会发生调换。

7.2.3　设置动画时间

如同幻灯片切换一样，幻灯片内容的动画也可以设置时间来调整动画的速度。不同的是，幻灯片内容动画设置的时间格式更多，如指定开始时间、持续时间及延迟时间计时等等。

选中要设计时间的动画，单击【动画】选项卡中【计时】组内的【开始】菜单中的下拉按钮，在弹出的下拉列表中选择所需计时方式。包括【单击时】、【与上一动画同时】和【上一动画之后】三个选择。

在【计时】组内，也可以设置【持续时间】及【延迟】两个内容。

7.2.4　设置动作路径

PPT 2016 中不仅可以设置动画的时间、效果等格式，还可以选择动画动作的路径。

选择设置好动画效果的内容，单击【动画】选项卡中的【动画】选项组中【其他】按钮 ▼ 。

在弹出的列表中选择【其他动作路径】选项。

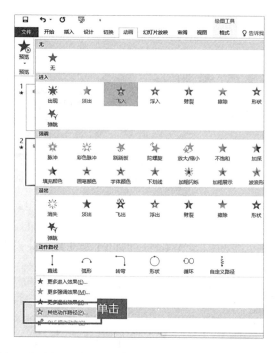

单击后，会弹出【其他动作路径】的对话框，选择一种动作路径，然后单击
【确定】按钮即可。

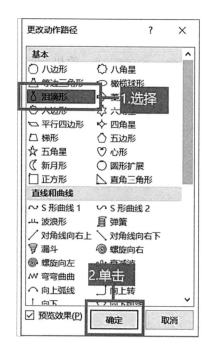

添加动作路径动画后，设置对象的附近会出现动作路径的图形。

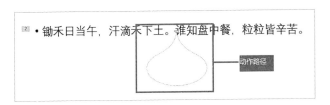

设置完毕后，还可以对路径的大小形状进行调整。首先选中动作路径，单击【动画】选项卡【动画】选项组里面的【效果选项】按钮的下拉键，在弹出的列表中选择【编辑顶点】选项。这时，幻灯片中的动作路径会显示黑色的路径顶点，鼠标也会变成编辑状态，单击需要编辑的点并拖动即可。

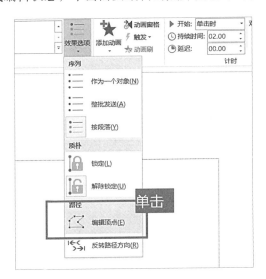

单击后，拖动路径顶点即可自定义动作路径。

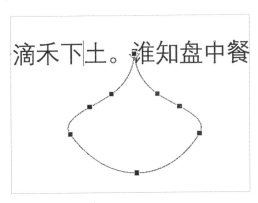

也可以将系统预设的动作路径进行反转，来使动作路径更加多样化。单击
【动画】选项卡中【动画】组里的【效果选项】下拉按钮，在弹出的列表中选择
【反转路径方向】即可。

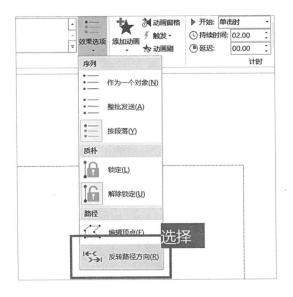

7.2.5　预览和删除动画

动画设置完成后，可以对动画进行预览，观看是否对动画效果满意，如果不
满意可以修改或者删除。

单击【动画】选项卡中【预览】组中【预览】下拉按钮，在弹出的列表中选
择【预览】选项，之后这张幻灯片中的所有动画效果会自动播放一遍。而【自动
预览】按钮的意思是每次为幻灯片中对象设置动画效果后，可以自动会在该幻灯
片窗口中预览动画效果。

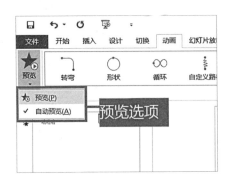

动画效果创建后，也可以根据需要将其删除。删除动画的方法有三种。

a.单击选择动画的编号，按【Delete】键即可删除动画效果。

b.单击【动画】选项卡中【动画】选项组内动画效果的第一个【无】，即相当于将动画效果进行删除操作。

c.利用【动画窗格】删除。单击【动画】选项卡中【高级动画】选项组中的【动画窗格】按钮，选择要删除的动画，单击菜单下拉按钮，在弹出的下拉列表中选择【删除】选项即可。

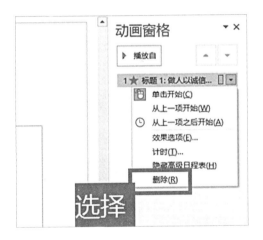

7.3 设置超链接

在 PowerPoint 2016 中，也可以为幻灯片设置超链接。超链接就是设置一个按钮，单击此按钮可以直接跳到指定的幻灯片。

单击选择一张幻灯片，如最后一张，单击【插入】选项卡中【插图】选项组中的【形状】选项下拉按钮，选择【动作按钮】组中的【上一张】按钮。

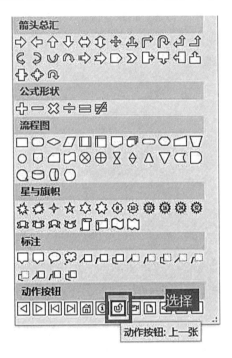

单击之后，返回幻灯片中，在合适的地方按住鼠标左键并拖动，即可绘制出上述按钮。松开鼠标左键后，会自动弹出【操作设置】对话框，在【超链接到】下拉列表中选择【上一张幻灯片】选项，单击确定即可。

单击【确定】按钮之后，在播放幻灯片时单击此按钮，即可跳转到上一张幻灯片。

7.4　幻灯片放映模式

PowerPoint 2016 中主要有三种放映的方式，单击【幻灯片放映】选项卡中【设置】选项组内的【设置幻灯片放映】按钮后，在弹出【设置幻灯片放映】对话框中可以看到。

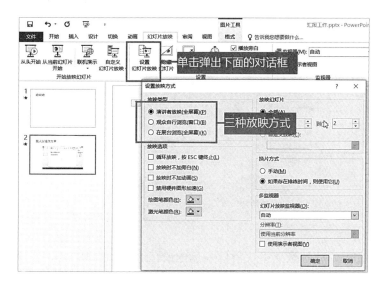

7.4.1　演讲者放映模式

该模式的放映方法是演讲者一边进行讲解一边进行放映幻灯片的方式，主要应用于大多数正式的汇报场合，如讲座、学术汇报、工作汇报等。具体设置方法如下。

首先，打开 PPT 文件，在【幻灯片放映】选项卡中单击【设置幻灯片放映】按钮，会弹出【设置幻灯片放映】对话框，此时默认的幻灯片放映方式即是演讲者放映模式。

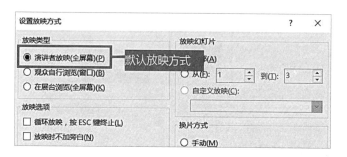

在【放映选项】设置栏中可以勾选第一个选项【循环放映，按 ESC 键终止】，在【换片方式】设置栏中勾选【手动】选项。此时即可设置成在幻灯片放映中手动切换的方式，这有助于演讲者自己控制幻灯片放映的进度。

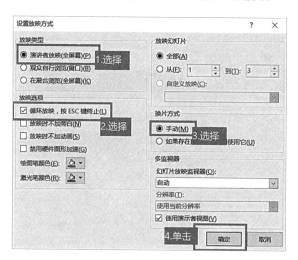

Tips： 在【放映选项】中可以勾选【放映时不加动画】选项，此时所有设置的动画内容均被取消，在放映时间比较紧迫的时候可以使用该功能。

7.4.2　观众自行浏览模式

观众自行浏览模式是由观众自己手动控制计算机进行观看幻灯片的方式，幻灯片演讲者如果有内容需要观众自行浏览，可以将指定的幻灯片设置成该模式。

打开 PPT 文件，在【幻灯片放映】选项卡中单击【设置幻灯片放映】按钮，会弹出【设置幻灯片放映】设置页面，在【放映类型】中选择【观众自行浏览】选项，并在【放映幻灯片】区域内指定观众自行浏览哪几张幻灯片，如设置成第 2 张和第 3 张幻灯片为观众自行浏览模式。

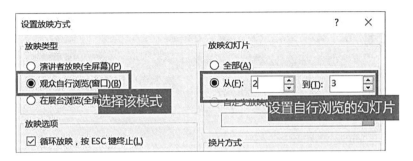

7.4.3　在展台浏览模式

该模式主要在展览会场使用较多，是让幻灯片自行播放的模式，不需要演讲者或者观众进行任何操作。

单击【幻灯片放映】选项卡【设置】选项组中【设置幻灯片放映】按钮，打开【设置幻灯片放映】对话框，在【放映类型】区域中选择【在展台浏览】选项，即可设置成展台浏览模式。

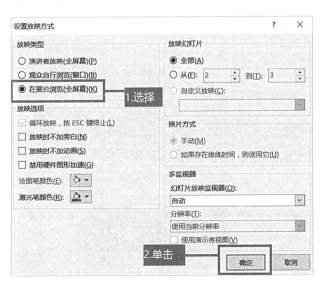

7.5 放映幻灯片

在 PPT 2016 中，默认的方式是普通手动放映，即从头开始手动单击进行播放。可以根据实际情况调整，如从当前幻灯片开始放映、联机放映及自定义幻灯片放映等。

7.5.1 从头开始

单击【幻灯片放映】选项卡中【开始放映幻灯片】选项组内的【从头开始】按钮，幻灯片即会从第一张开始放映。

放映时，单击鼠标或者按空格键及向下和向右方向键均可切换到下一张。

Tips：按快捷键 F5 也可以从头开始放映，方向键的向左或向上是返回上一张幻灯片。

7.5.2 从当前幻灯片开始放映

选中需要开始放映的幻灯片，单击【幻灯片放映】选项卡中【开始放映幻灯片】选项组中的【从当前幻灯片开始】按钮即可从选中的当前幻灯片开始放映。

Tips：快捷键组合【Shift+F5】也可以打开【从当前幻灯片开始】按钮。

7.5.3　联机放映

PPT 2016 上具有了联机进行放映幻灯片的功能，只要连入互联网就可以在即使没有安装 PowerPoint 软件的电脑上也可以放映幻灯片演示文稿。

单击【幻灯片放映】选项卡中【开始放映幻灯片】中的【联机演示】下拉按钮，选择弹出的下拉列表中【Office 演示文稿服务】选项。

在弹出的对话框中单击【连接】按钮。

接着会弹出【联机演示】的对话框，在对话框中会出现一个链接地址，复制该链接地址并发送给需要远程查看的观众，待其打开该链接后，再单击【启动演示文稿】按钮。

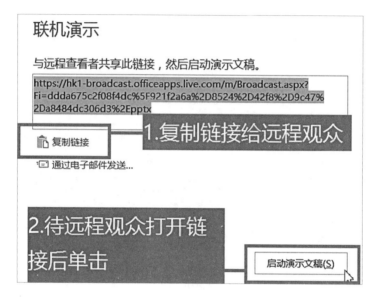

之后就可以进行正常的幻灯片放映，远程观众可以在浏览器中和播放者同时观看该幻灯片。

7.5.4　自定义幻灯片放映

自定义幻灯片的放映就是用户可以自己选择需要放映的幻灯片内容，如该PPT 文件中共有 30 张幻灯片，可以自定义直接选择其中的 20 张进行播放。

找到【幻灯片放映】选项卡中【开始放映幻灯片】选项组中的【自定义幻灯片放映】按钮并单击，在弹出的下拉列表中选择【自定义放映】选项。

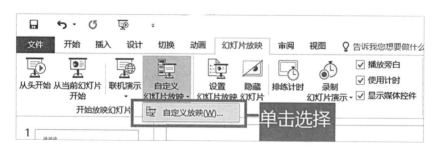

在弹出的【自定义放映】设置页面中选择【新建】选项。

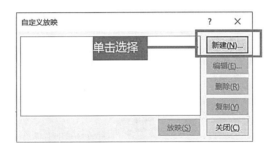

之后，会弹出【定义自定义放映】对话框，在【演示文稿中的幻灯片】列表框中选择需要放映的幻灯片，然后单击【添加】按钮就可以将幻灯片添加到【在自定义放映中的幻灯片】选项中。

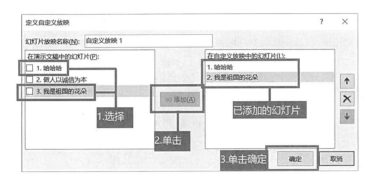

单击确定后会返回到【自定义放映】对话框，此时单击【放映】按钮，就可以查看自定义放映的结果。

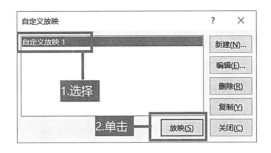

7.6　添加幻灯片放映注释

在放映幻灯片时演讲者可以像在黑板上写字一样，为幻灯片讲解添加注释。

打开 PPT 文件，单击【从头开始】或者按 F5 放映幻灯片，在放映时右键单击鼠标，在弹出的快捷菜单中选择【指针选项】→【笔】选项。

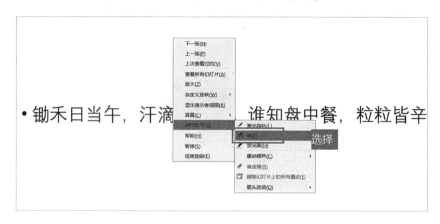

此时鼠标会变成一个点，便可以开始在幻灯片中添加标注。

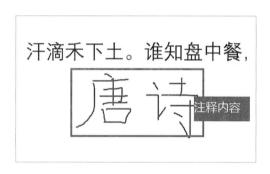

注释内容的笔的颜色是可以自定义的。右键单击鼠标，在弹出的快捷菜单中选择【指针选项】→【墨迹颜色】，在弹出的列表中选择一种颜色，如蓝色，此时注释内容就会变成蓝色。

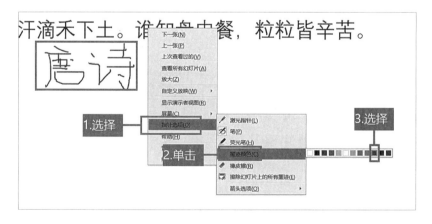

在添加注释后，也可以将不需要的注释使用橡皮擦工具进行擦除。在放映幻灯片时右键单击鼠标，在弹出的菜单栏中选择【指针选项】中的【橡皮擦】功能。

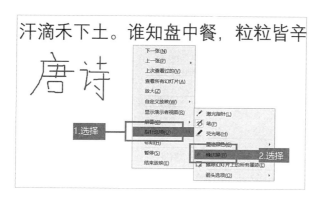

选择橡皮擦工具后，鼠标指针会变成橡皮擦形状，在幻灯片中有注释的地方，按住鼠标左键并拖曳即可将标注擦除掉。

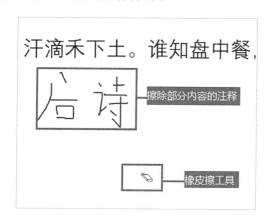

Tips：在放映幻灯片时，右键单击鼠标，选择【指针选项】→【擦除幻灯片上的所有墨迹】可以快速将所有注释擦除。

7.7　牛刀小试——走进"唐诗"

中国是诗的国度，唐朝更是诗歌发展的顶峰。在现代生活中更是处处都有诗的身影，"诗仙"李白更是家喻户晓。本节以唐诗为内容，制作一份介绍唐诗的幻灯片。

第一步：设置幻灯片首页。

新建 PowerPoint 2016 文件，并命名为"唐诗"。打开 PPT，新建第一张幻灯片，单击【视图】选项卡中【母版视图】选项组内的【幻灯片母版】选项。

在弹出的【幻灯片母版】设置页面中，单击【背景】选项组中的【背景样式】下拉按钮，在弹出的列表中选择"样式 10"。

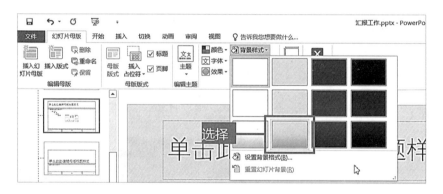

单击【关闭母版视图】按钮退出母版视图设置，单击【插入】选项卡中【图像】选项组内的【图片】选项，找到准备好的图片，确定插入。并调整图片至合适的大小和位置。之后删除幻灯片中的占位符。

接着，单击【插入】选项卡中【文本】选项组内的【文本框】下拉按钮，选择【竖排文本框】，在幻灯片中插入并输入内容"走进唐诗"，设置字体"华文行楷"，字号"72"，字体颜色"灰蓝色"。效果如下图所示。

第二步：设置内容页母版。

新建幻灯片，打开幻灯片母版设置页面，切换到【插入】选项卡插入准备好的图片，在图片上右键单击鼠标，在弹出的快捷菜单中选择【置于底层】→【置于底层】命令，将背景图片放到底层显示。调整图片大小与幻灯片相同，关闭幻灯片母版设置页面。效果图如下。

第三步：输入内容。

在第二张幻灯片标题中输入"唐朝著名诗人"；在下面内容栏里输入"诗仙李白，诗圣杜甫，诗鬼李贺，诗佛王维"文本，并设置合适的字体格式。

接着新建四张幻灯片，标题中分别输入"诗仙李白，诗圣杜甫，诗鬼李贺，诗佛王维"文本，如下图所示。

Tips：具体诗人的内容请自行输入，这里不再一一输入。

第四步：设置超链接。

选择第二张幻灯片，选中文本"诗仙李白"，单击【插入】选项中【链接】选项组内【超链接】选项。

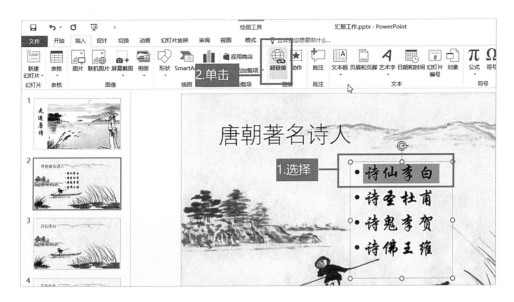

在弹出的【插入超链接】对话框中，选择【链接到】框中【本文档中的位置】选项，在右侧的【请选择文档中的位置】列表框中选择【幻灯片标题】下方的"3.诗仙李白"，之后单击【屏幕提示】按钮。

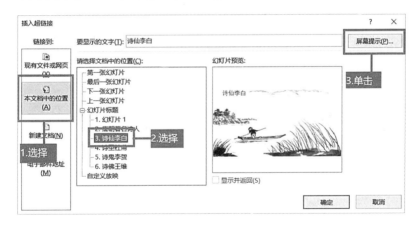

接着，会弹出屏幕提示对话框，在对话框中输入提示信息"链接到诗仙李白幻灯片"，单击确定。

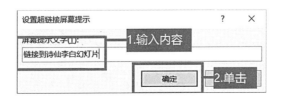

设置完成后，"诗仙李白"四个字会变成蓝色，并出现下划线。

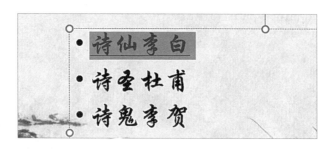

使用同样的方法将下面几个文本内容，分别链接到相应的幻灯片。

Tips： 在幻灯片播放时，将鼠标放到设置好超链接的文本上时，会显现刚才设置好的屏幕提示信息。

第五步：添加切换效果。

选择要添加切换效果的幻灯片，如第二张，单击【切换】选项卡下【切换到此幻灯片】组中的下拉按钮，在【华丽型】中选择【百叶窗】效果 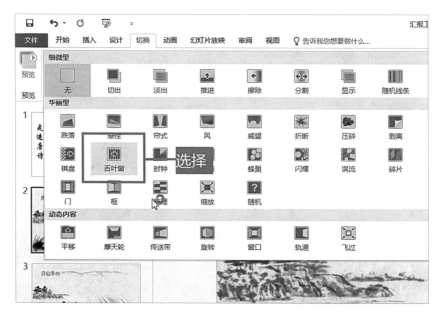，同时可以在幻灯片中预览此效果。

使用同样的方法，为其他幻灯片设置不同的切换效果。

第六步：设置动画效果。

选中需要设置动画效果的文本，单击【动画】选项卡中【动画】组中的

【推进】效果，单击【效果选项】下拉按钮，在下拉列表中选择【自左侧】效果。

Tips：如果有需要的话可以设置动画时间及路径，具体设置方法请参考本章内容。

第七步：设置排练计时。

单击【幻灯片放映】选项卡中【设置】选项组内【排练计时】按钮，开始放映幻灯片时，在左上角会出现一个计时器。

在幻灯片排练结束后，会出现排练时间的统计对话框。

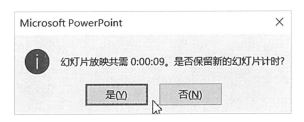

至此，该幻灯片已经制作完毕。

✍️ 高手秘籍

动画刷的使用。

在 Word 2016 中，我们介绍过一个非常好用的功能——格式刷。在 PPT 2016 中，也有格式刷功能，在这里称为动画刷。

动画刷可以复制一个对象的动画，并将其应用到另一个对象上。首先选中已经设置好的动画如"诗仙李白"，然后单击【动画】选项卡中【高级动画】组中【动画刷】按钮 ⭐动画刷，此时鼠标指针会变成动画刷形状。

使用动画刷单击"唐朝著名诗人"即可将"诗仙李白"的动画复制到"唐朝诗人李白"上。

第八章
Office 2016 实际应用案例

本章内容简介

Office 2016 办公软件在如今工作中的应用有着得天独厚的优势，无论是公司宣传营销还是内部行政管理及招聘等场合，都可以在 Office 2016 软件的帮助下轻松完成。本章介绍几个 Office 2016 软件在这些方面的应用。

内容预览

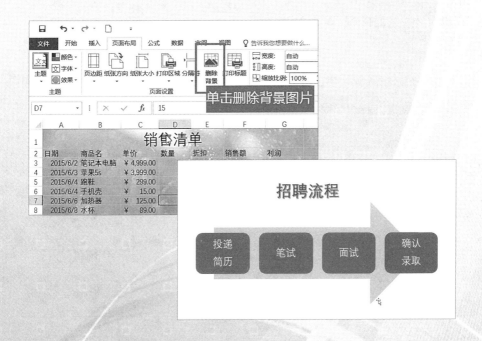

8.1　市场营销应用案例——制作产品销售清单

产品销售清单可以详细列出各类产品的销售情况，便于统计销售的实际信息。

第一步：打开销售清单 Excel 文件。

	A	B	C	D	E	F	G	H
1								
2	日期	商品名	单价	数量	折扣	销售额	利润	
3	2015/6/2	笔记本电脑	￥4,999.00	2	9.0	￥8,998.20	￥1,439.71	
4	2015/6/3	苹果5s	￥3,999.00	3	7.5	￥8,997.75	￥1,439.64	
5	2015/6/4	跑鞋	￥299.00	5	9.5	￥1,420.25	￥227.24	
6	2015/6/4	手机壳	￥15.00	10	9.0	￥135.00	￥21.60	
7	2015/6/6	加热器	￥125.00	15	8.0	￥1,500.00	￥240.00	
8	2015/6/8	水杯	￥89.00	20	9.0	￥1,602.00	￥256.32	
9	2015/6/12	电竞椅	￥255.00	10	9.9	￥2,524.50	￥403.92	
10	2015/6/12	苹果5s	￥4,199.00	6	8.5	￥21,414.90	￥3,426.38	
11	2015/6/13	跑鞋	￥299.00	20	8.0	￥4,784.00	￥765.44	
12	2015/6/14	笔记本电脑	￥5,099.00	5	9.0	￥22,945.50	￥3,671.28	
13	2015/6/15	休闲鞋	￥126.00	10	9.0	￥1,134.00	￥181.44	
14	2015/6/16	运动裤	￥99.00	12	8.0	￥950.40	￥152.06	
15	2015/6/16	保温杯	￥109.00	25	9.0	￥2,452.50	￥382.40	
16	2015/6/17	水杯	￥36.00	150	9.0	￥4,860.00	￥777.60	
17								

选中 A1 : G1 区域，单击【开始】选项卡中【对齐方式】选项组内的【合并后居中】下拉按钮 合并后居中 ，在弹出的下拉列表中选择【合并后居中】选项。

合并后第一行输入"销售清单"文本内容，并调整文字大小。

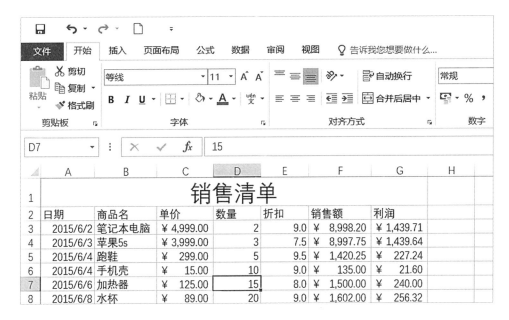

第二步：设置 Excel 工作表背景。

单击【页面布局】选项卡中【页面设置】选项组中【背景】按钮，在弹出的【插入图片】对话框中，单击【来自文件】按钮。

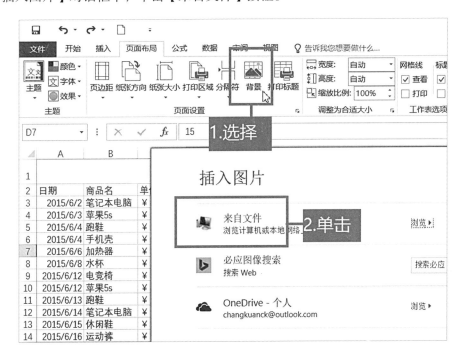

然后在电脑上选择准备好的图片，单击确定插入图片。效果图如下。

不需要图片时，单击【删除背景】按钮即可，如上图中所示。

第三步：重命名工作表

双击工作表标签名称"Sheet 1"，输入"销售清单"文本，按【Enter】键确认。

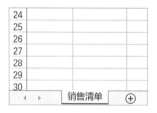

第四步：设置保护

右键单击工作表标签，在弹出的快捷菜单中选择【保护工作表】选项，在弹出的对话框中输入保护密码，并设置如下。

最终效果如下。

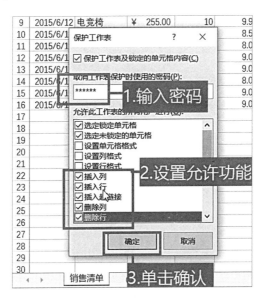

8.2　公司人事部门管理应用案例——制作岗位招聘幻灯片

公司招聘时需要对本公司招聘的要求、福利等做一个详细的说明，提高人事部门的招聘效率。

第一步：设置首页。

新建一个 PPT 2016 文件，并命名为"岗位招聘"，单击【开始】选项卡中【幻灯片】选项组内的【新建幻灯片】下拉按钮，在弹出的选项中选择【标题幻灯片】选项。

之后将幻灯片中的占位符全部删除，单击【插入】选项卡中【文本】选项组内的【艺术字】按钮，选择一种样式，插入艺术字。

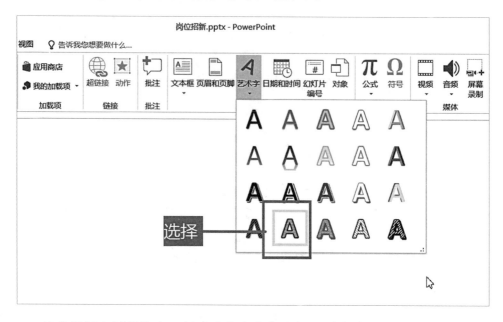

按住鼠标左键并拖曳，创建【艺术字】选框，删除其中的提示文字，输入"岗位招聘"文本，并调整合适的大小和位置。

在【格式】选项卡中【艺术字样式】选项组中单击【文本效果】的下拉按钮，在弹出的下拉菜单中选择【发光】→【金色】样式。

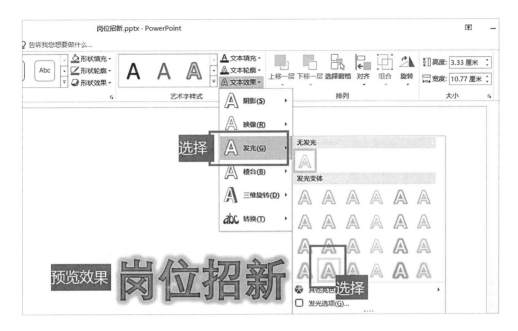

单击【视图】选项卡中【母版视图】组内的【幻灯片母版】按钮，在弹出的【幻灯片母版】设置页面中单击【背景】组内的【背景样式】下拉按钮，在弹出的背景样式中选择"样式 10"。确定后，关闭【母版视图】设置页面。

接着使用"文本框"工具输入公司名称和岗位信息，如下图所示。

第二步：输入招聘要求和福利

新建幻灯片，在标题框内输入"岗位要求"，在【开始】选项卡【字体】选项组内，设置字体为"隶书"，字号"96"，字体颜色"红色"，并居中显示。

重复上面"岗位要求"幻灯片的步骤，在第三张幻灯片中设置"公司福利"内容。

第三步：招聘流程设置

利用 SmartArt 功能制作岗位招聘流程。

单击【插入】选项卡中【插图】选项组内的【SmartArt】选项，在弹出的列表中选择【流程】→【连续块状流程】。

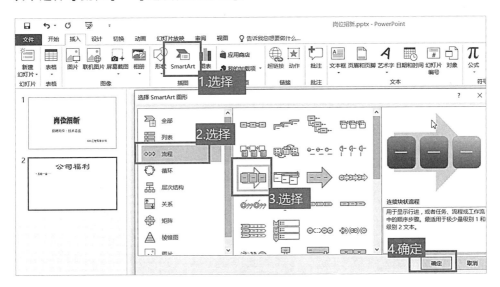

添加后效果如下。

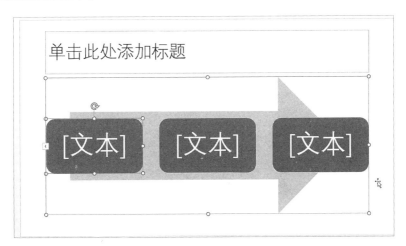

在文本框里面输入流程信息，如果文本框不足，则可以在 SmartArt 流程区域内右键单击，在弹出的快捷菜单中选择【添加形状】→【在后面添加形状】进行补充。

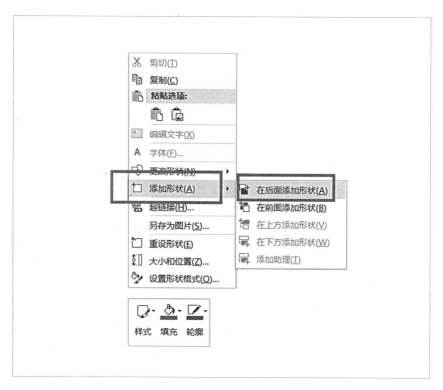

输入完成后的效果如下。

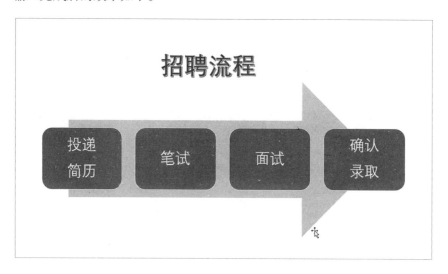

第四步：制作结束页面

新建幻灯片，删除上面的占位符。单击【插入】选项卡中【文本】选项组内的【艺术字】下拉按钮，选择一种艺术字样式。在幻灯片中绘制艺术字文本框，并删除提示内容，输入"谢谢关注！"文本。

至此，一份完整的招聘演示文稿制作完毕。

8.3　办公行政应用案例——制作委托书

委托书是委托他人代表自己行使某种合法权益的书面凭证，被委托人在行使权力时需要出具委托人的法律文书。委托书的应用范围比较广泛，不论是公司或者个人都会经常接触到，因此委托书是行政管理岗位及文秘部门等职员必备的一项技能。

第一步：设置页面。

打开委托书文档，单击【布局】选项卡中【页面设置】组中的【页边距】按钮，在弹出的选项中选择【自定义边距】选项。

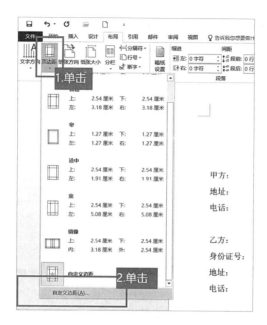

在弹出的【页面设置】对话框中找到【页边距】选项卡中的【页边距】选项组，将上、下、左、右四个选框中数值设置为"3.5 厘米"，单击确定。

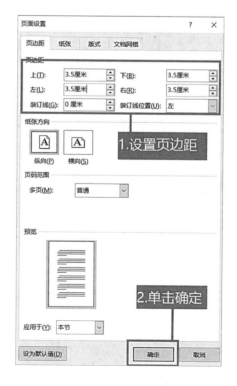

设置完成后效果图如下。

第二步：设置字体。

一份完整、正式的委托书内容字体必定是给人端庄、肃穆的感觉。这主要体现在文本内容和字体的设置上，文本内容基本是固定的，可以通过设置合适的字体来辅助此种感觉的形成。

选中正文文本，单击【开始】选项卡中【字体】选项组中的下拉按钮，打开【字体】对话框。设置中文字体、西文字体、字号、字体颜色等如下图所示。

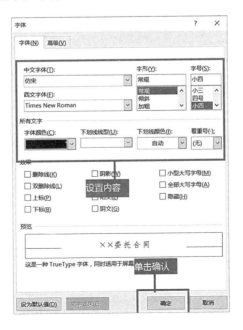

第三步：为重要内容添加边框。

在重要的内容处加上边框，可以起到突出显示的作用，并能使文档更加美观，引人注目。

选择所要添加边框的文本，如本例中的双方签字处。单击【开始】选项卡中【段落】组内的边框按钮。

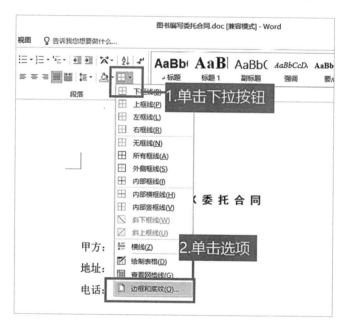

在弹出的【边框和底纹】对话框中，选择【边框】选项卡中【设置】组中的【方框】选项，在【样式】列表中选择一种线型，并设置线条【宽度】2.25 磅，单击【确定】按钮。

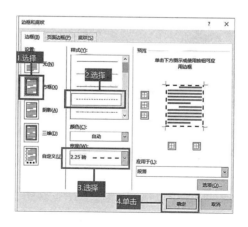

设置后的效果如下图所示。

至此，已经基本完成了委托书的格式制作，只需根据不同情况修改内容即可。

第九章
Office 2016 融会贯通

本章内容简介

通过前面的内容，读者对 Office 2016 软件的主要知识已经非常熟悉，本书在最后简单地介绍 Office 2016 中三个软件 Word、Excel 和 PowerPoint 之间的协作关系，扩展读者关于 Office 软件的知识。

内容预览

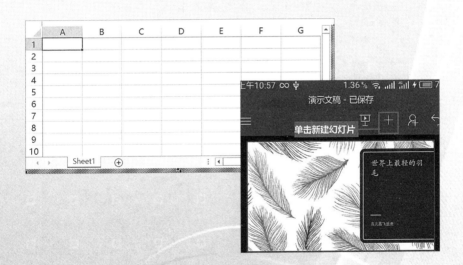

9.1 Word Excel PPT 之间协作

Office 2016 中三个软件之间可以相互调用，以提高三者的工作效率。

9.1.1 在 Word 中调用 Excel 表格

打开 Word 2016 文件，单击【插入】选项卡中【表格】组内的【表格】下拉按钮，在弹出的下拉列表中选择【Excel 电子表格】选项。

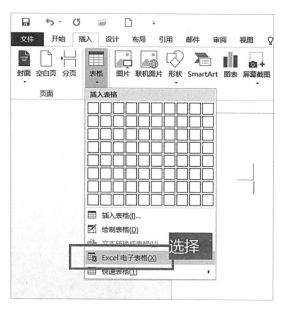

单击后，效果如下图。

双击插入的电子表格，即可进入和 Excel 2016 中相同的工作表编辑状态。

9.1.2　在 PPT 中调用 Excel 表格

打开 PowerPoint 2016 文件，单击【插入】选项卡中【文本】选项组中【对象】按钮，在弹出的对话框中，单击【由文件创建】，然后单击【浏览】按钮，选择所需插入的 Excel 工作簿，返回对话框，单击【确定】按钮。

插入 Excel 表格之后，双击表格，即可进入表格编辑状态。

9.1.3　Word 中调用 PowerPoint 文件

Word 中不仅可以调用 PPT 文件，还可以播放 PPT 文件。

单击【插入】选项卡中【文本】选项组内【对象】下拉按钮，在弹出的下拉列表中选择【对象】选项。

在弹出的对话框中，选择【由文件创建】选项卡，并单击【浏览】按钮，选择需要添加的 PPT 文件。

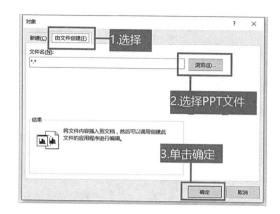

9.1.4　在 Excel 中调用 PowerPoint 文件

打开一个 Excel 2016 文件，单击【插入】选项卡中【文本】选项组内的【对象】选项。在弹出的【对象】对话框中选择【由文件创建】选项卡，并单击【浏览】按钮，选择需要添加的 PPT 文件。

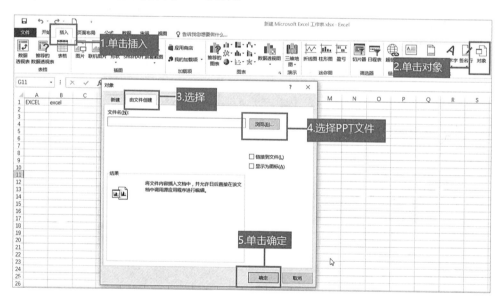

9.1.5　PPT 文件转成 Word 文档

将 PPT 文件转化到 Word 文档中，不仅方便阅读，还可以比较容易地预览和打印。

　　打开 PPT 文件演示文稿，单击【文件】中【导出】选项，找到【创建讲义】选项组中的【创建讲义】选项 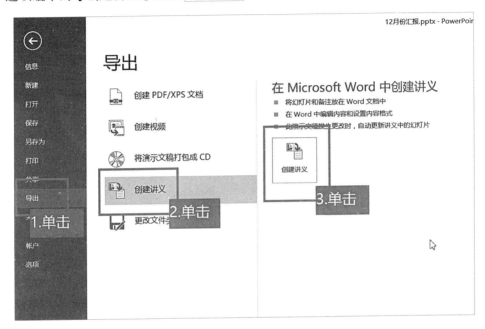 。

　　在弹出的【发送到 Microsoft Word】对话框中，选择【只使用大纲】单选项，最后单击【确定】，即可完成 PPT 演示文稿向 Word 文档的转换。

9.2 Office 软件插件使用简介

尽管 Office 软件如 Word、Excel 和 PowerPoint 本身的功能就比较强大，但是还是可以使用一些插件使操作更加简便，从而进一步地提高办公效率。

本节简单介绍几种 Office 插件，开拓一下读者的视野。

9.2.1 Word 插件——Word 万能百宝箱

网上搜索"Word 万能百宝箱"，下载并安装。

Word 万能百宝箱是一款日常办公、财务处理等诸多功能于一体的微软办公软件功能增强插件，主要针对文字处理、数据转换、整理排版等方面，为 Word 必备工具箱之一。

9.2.2 Excel 百宝箱

Excel 万能百宝箱是针对微软 Excel 表格而精心制作的插件增强工具。Excel 万能百宝箱能为办公人员提供各种丰富的 Excel 编辑功能，其中包括了 230 个菜单功能与 100 多个自定义函数，如 "Excel 转文本"、"截图小精灵" 及 "插入 FLASH 动画" 等功能。

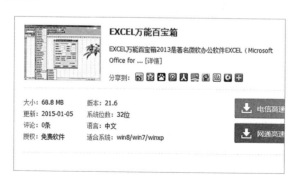

用户可以自行上网下载安装使用。

9.2.3 PPT 插件——nordri tools

Nordri tools 插件的功能总结起来就是三个方面：一键化、规范化、设计化。如下图所示。

具体功能如一键统一 PPT 演示文稿的字体，图文一键对齐，一键删除动画等等。

其他功能请用户自行网上搜索插件使用体验。

9.3 移动端（手机 or 平板电脑）上的 Office

如今，社会已经进入了智能化时代，各种移动端如手机、平板电脑等已经极为常见。

微软公司因此推出了支持安卓系统、iOS 系统的 Office 组件来满足广大用户的需求。这里简单介绍下安卓手机上 Office 软件使用，平板电脑上与手机上类似。

9.3.1 Microsoft Word

手机携带方便，可以随时随地进行笔记的编写，或者处理别人发过来的文件。

在手机上下载并安装 Microsoft Word 软件。安装完成后打开软件。

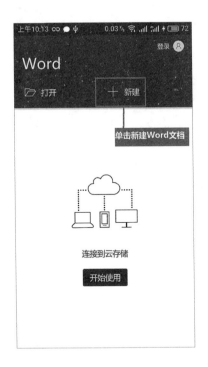

在弹出的页面中选择新建"空白文档"或者"模板文档"，如第二个"做笔记"模板。

使用之后，便会弹出与电脑上 Word 2016 相似的界面，进行编辑即可。

9.3.2　Microsoft Excel

在手机上下载并安装 Microsoft Excel 软件。然后打开 Microsoft Excel 软件，并新建空白工作表。

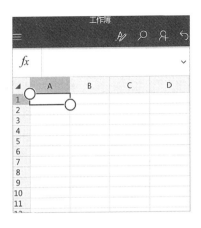

双击 A1 单元格即可输入文本内容，如输入"日期"文本。

单击单元格后选中该单元格，再次单击则会弹出快捷菜单。

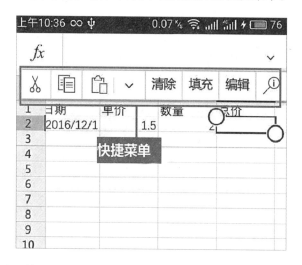

也可以利用函数进行计算，如上图中在 D2 单元格中输入公式"=B2*C2"即可算出总价。

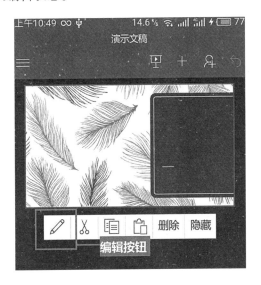

9.3.3 Microsoft PowerPoint

在手机上下载并安装 Microsoft PowerPoint 软件，并打开利用模板新建演示文稿。本例中选择【轻羽】模板。单击第一张幻灯片，在弹出的快捷菜单中选择【编辑】按钮，进入编辑状态。

接着，在编辑状态中设置标题内容，如下图所示。

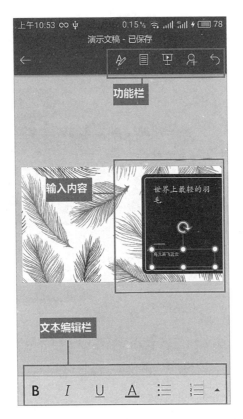

退出编辑模式，回到幻灯片页面，单击幻灯片上方的"+"号，添加新的幻灯片。

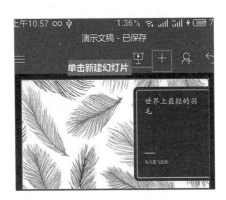

编辑完成后可以保存并播放幻灯片。

使用类似电脑端 PowerPoint 软件的方法可以设置幻灯片的其他内容，这里不再赘述。